带约束的末制导律与伪谱法轨迹优化

王丽英　张友安　黄诘　著

国防工业出版社

·北京·

内 容 简 介

本书介绍了作者在带约束的末制导律设计、伪谱法轨迹优化方法及其在高超声速飞行器制导中应用方面的研究成果。全书共分为10章。第1章对多约束条件下的精确制导技术、末制导律的设计价值、再入轨迹优化方法、再入制导技术的发展和分类进行了简要介绍；第2章介绍了带落角和末端攻角约束的最优末制导律设计方法；第3章介绍了考虑自动驾驶仪动态特性的带落角控制约束的一般加权最优末制导律；第4章介绍了带终端落角和加速度约束的末制导律；第5章介绍了带有撞击角和视场角约束的运动目标偏置比例导引律；第6章介绍了利用 Radau 伪谱法将多区间最优控制问题转化为非线性规划问题及求解多区间最优控制问题的基本框架；第7章介绍了三种不同的伪谱轨迹优化算法；第8章运用第7章所给的算法求解了两种轨迹优化问题；第9章给出了两种实时最优制导算法，从理论上对由两种实时制导算法构成的闭环控制系统的稳定性进行了分析与证明；第10章研究了 Radau 伪谱方法的收敛性。

本书对于从事多约束条件下的末制导律与高超声速飞行器的制导与控制方面的科学研究和研究生教学工作都具有一定的参考价值。

图书在版编目(CIP)数据

带约束的末制导律与伪谱法轨迹优化/王丽英,张友安,
黄诘著. —北京:国防工业出版社,2015.3
ISBN 978-7-118-09941-6

Ⅰ.①带…　Ⅱ.①王…　②张…　③黄…　Ⅲ.①制
导－研究　Ⅳ.①V448

中国版本图书馆 CIP 数据核字(2015)第 040648 号

※

*国防工业出版社*出版发行
(北京市海淀区紫竹院南路23号　邮政编码100048)
北京嘉恒彩色印刷有限责任公司
新华书店经售
*
开本 710×1000　1/16　印张 12½　字数 222 千字
2015 年 3 月第 1 版第 1 次印刷　印数 1—2000 册　定价 59.00 元

(本书如有印装错误,我社负责调换)

国防书店:(010)88540777　　发行邮购:(010)88540776
发行传真:(010)88540755　　发行业务:(010)88540717

前　言

在现代战争中,精确制导武器已经成为毁伤敌方军事目标的重要工具,末制导是制导武器实现精确制导的必要手段和最终保证,设计多约束条件下的末制导律是制导武器实现精确制导的关键技术。目前,多约束条件下的末制导优化理论及应用研究还处于起步阶段,达不到作战应用要求,但却是末制导技术发展的必然趋势,因此有必要对这种特殊任务要求下的末制导律进行研究,以满足各种不同要求的制导任务。

20 世纪 60 年代以来,世界各国都在竞相发展高超声速飞行技术,与此密切相关的高超声速飞行器的制导与控制技术必须能够适应快速改变的外界环境,处理大的模型参数不确定性和外界干扰,具备重新规划轨迹和重构控制的能力。因此,亟需发展基于最优性能考虑的轨迹在线优化技术,亟需发展对实际飞行不确定性(飞行器自身模型参数不确定性、结构不确定性)及外界干扰(环境的不确定性)具有自适应能力,能够自动生成制导指令,具有更高的自主性、鲁棒性和智能性的先进制导控制技术。

本书前半部分针对约束条件下的末制导律设计问题,对考虑终端落角、终端加速度、过载、视场角以及攻角等约束条件下的攻击静止或者运动目标的末制导律设计方法进行了研究;后半部分以升力体构型的高超声速飞行器为应用背景,基于伪谱理论对再入轨迹的快速优化技术、在线轨迹生成及制导技术进行了相应的研究。全书共分为 10 章。第 1 章介绍了带约束的末制导律与伪谱法轨迹优化方法的研究背景与意义,介绍了约束条件下的末制导律、轨迹优化数值方法、再入制导方法的研究现状。第 2 章讨论了带落角和末端攻角约束的最优末制导律设计问题。第 3 章讨论了带落角约束针对静止目标的一般加权最优末制导律设计问题。第 4 章讨论了终端多约束条件下针对静止目标的剩余时间末制导律设计问题。第 5 章讨论了多约束条件下针对运动目标的偏置比例导引律设计问题。第 6 章介绍了轨迹优化的数学模型和多区间伪谱法的基本原理。第 7 章介绍了自适应 Radau 伪谱轨迹优化算法。分别以不同的算例对所给的自适应伪谱优化算法进行了验证。第 8 章是基于自适应伪谱法的再入轨迹快速优化与分析,即应用第 7 章所给的自适应伪谱轨迹优化算法求解了到达指定目标点再入热载最小的轨迹优化问题和飞行时间最短的突防轨迹优化问题。第 9 章讨论了基于 hp – Radau 伪谱法的再入飞行器实时最优制导方法,对两种实时最优制导算法的制导性能进行了分析与验证。第 10 章利用多项式近似理论,从最优控制问题解的存在性、收敛性以及最优解的一致性三个方面对采用 Radau 伪谱方法求解一般非线性最优控制问题解的收敛性进行了研究。

与国内外出版的同类书比较,本书的特点是:介绍了作者在多约束条件下的末制导律研究方面应用 Schwarz 不等式得到的末制导律的一般表达式、带落角和末端攻角约束的最优末制导律、多约束条件下针对运动目标的偏置比例导引律设计方法等成果;介绍了基于伪谱法的固定采样与自由采样实时最优制导方法(算法);对基于 Radau 伪谱法的非线性最优控制问题的收敛性问题从理论上进行了证明。以上这些成果都是本书所独有的。本书介绍的内容力求深入浅出,易于理解与接受。

本书由张友安教授统稿。第 1 章、第 6 章、第 7 章、第 8 章由王丽英编写,第 2 章由张友安编写,第 10 章由黄诘编写,第 9 章由张友安与王丽英共同编写,第 3 章、第 4 章、第 5 章由张友安与黄诘共同编写。

本书的部分内容参考和引用了国内外同行专家、学者的最新研究成果,在此特向他(她)们表示衷心的感谢。本书的出版得到了海军航空工程学院与国防工业出版社各级领导和专家的大力支持,还有田秀岩编辑的热情帮助,这里一并表示感谢!

本书由国家自然科学基金(项目编号:61273058)资助出版。

由于作者学术水平有限,加之出版时间仓促,书中难免存在错误与不足之处,敬请广大读者批评指正。

作　者
2014. 11

目　录

第1章 绪 论

1.1 背景与意义

精确制导武器(如弹道导弹、制导炸弹、制导鱼雷、巡航导弹等)使"不接触作战""零伤亡""点穴式打击"成为现实。在现代战争中,精确制导武器已经成为战场上毁伤敌方军事目标的主要工具。使用精确制导武器对目标实施精确打击是当前和未来战争的主要方式,而现代的作战理念已经由以"最优的战争投入和最小的损失代价"和"外科手术式"打击替代传统的"普遍打击"和"地毯式"轰炸。美军在《联合构想2020》[1]中明确提出,在信息时代,精确打击(Precision Engagement)是掌握现代战争主动权所必须具备的四种作战理念之一。纵观现代历次战争,特别是近期的阿富汗战争、伊拉克战争和利比亚冲突,会发现精确打击对战争的胜负起了决定性的作用[3-7]。目前精确制导武器是美国的主战装备,其他国家也在向这方面发展,所以精确制导武器正处于一个高速发展的时期,高打击精度、高飞行速度、强突防能力、强毁伤能力、小型化和低成本是其未来的发展方向。

要对目标实施精确打击,精确制导是其中的关键技术,也是其最有力的保证,而末制导是制导武器实现精确制导的必要手段和最终保证。制导是指导弹等制导武器在飞行过程中,克服各种干扰因素,使之按照选定的制导律或者预定的规定弹道,导引武器飞向目标的过程[8-10]。制导律是制导武器接近目标的整个飞行过程中所应遵循的运动规律[11],所以设计满足要求的制导律是制导武器实现精确制导的关键技术。

随着武器防御系统的性能提升,以较小的脱靶量即较高的命中精度打击目标还不够,还应该使制导武器以最佳的姿态去攻击目标。例如:反坦克导弹以较大的角度攻击坦克薄弱的顶部,从而以最大的穿深取得最佳的毁伤效果;反导导弹以头对头的方式直接碰撞;反舰导弹从侧面攻击舰船等。这些导弹都希望以一定的角度攻击目标,从而取得最佳的毁伤效果,所以设计满足落角约束的制导律成为国内外专家和学者研究的热点。

在现代精确制导理念中,单纯考虑落角控制是不够的,还应该进一步考虑其他方面的约束控制条件,如攻角约束、过载、视场角、入射方位角等约束条件。但目前国内外针对多约束条件下的末制导律研究相对较少,而多约束条件下的末制导律研究又是多约束条件下高精度制导的前提和保证,具有重要的理论价值和应用前景。所以,研究多约束条件下的末制导律具有重要意义,具体体现在[18]:①实现攻角、速度、弹体姿态等多约束条件下的精确打击,为高精度的制导控制系统设计提供可靠的理论依据和技术途径;②解决大落角、末端小攻角约束条件下的精确制导关键技术;③解决导弹末端突防时导弹机动、限速等方面的要求;④满足现代制导武器多任务、复合型、通用化、精确化的要求。

高超声速飞行的概念自20世纪60年代提出以来,在世界各国得到了竞相发展。它是21世纪世界航天航空技术发展的新制高点,具有突防能力强、拦截困难、钻地较深、毁伤能力大、飞行速度快、安全到达等优点,因此高超声速飞行器技术的突破,对未来各国在国际战略布局、军事对比、政治和经济的发展都将产生重要的战略影响。

目前,受到广泛关注的高超声速飞行器主要有两大类:可重复使用运载器(Reusable Launch Vehicle,RLV)[12]和通用航空飞行器(Common Aero Vehicle,CAV)[13]。RLV是未来天地往返运输系统的核心组成部分,是各国航天学技术中的一个重要的研发领域。与CAV相比,RLV的升阻比稍小,主要以高超声速飞行器演示验证或运载为飞行任务,航天飞机是这一类型运载器的典型代表,其制导、控制技术可借鉴用于新型高超声速飞行器的研究。CAV是由美国军方提出的一种具有升力体构型、依靠气动力辅助控制技术实现跨大气层的滑翔飞行,可用作军事用途的打击武器的新概念飞行器。对这两类飞行器的研究过程涉及到很多航天航空领域的关键技术,如气动布局、结构与热防护技术、轨迹优化、在线生成技术、先进的导航与制导控制技术等。同时,对这些关键技术的研究,尤其是轨迹优化、在线生成技术和先进的制导与控制技术,逐渐成为21世纪航天航空领域的研究热点。

高超声速飞行器主要在高度为20km以上、120km以下的临近空间飞行,飞行包络线的范围较大,飞行环境复杂多变导致的强烈的气动力、气动热的综合作用,再加上临近空间内大气环境的强烈不确定性,这些都对飞行器的制导、控制技术提出了挑战。因此,综合考虑终端条件(姿态、速度、高度)、过载、热流密度、动压、轨迹射程及飞行环境不确定等多种约束条件下的轨迹优化设计与制导、控制技术成为支撑高超声速飞行器系统的关键技术。在美国NASA为研制下一代可重复使用航天器而开展的先进制导、控制技术研究中,再入制导的自动化成为一个热门的研究领域。再入制导自动化的核心在于能够根据飞行器的当前状态,在线、快速生成一条可行的再入飞行参考轨迹;同时,为克服实际再入飞行过程中存在的模型误差、导航信息噪声及外界干扰等因素的作用,必须通过具有较强鲁棒性的控制方法来跟踪参考轨迹。美国依阿华州立大学的沈作军博士[14,15]完成了再入制导的第一步,即飞行轨迹的在线生成技术,通过拟平衡滑翔(Quasi – Equilibrium Glide, QEG)假设,将飞行器再入过程中的遇到的各种约束转换为控制变量倾侧角的约束,进而将轨迹规划问题转化成一个关于倾侧角的单参数搜索问题,能够在 2~3s 的时间内快速生成一条满足要求的三自由度再入可行轨迹。北京航天航空大学谢陵[16]和高晨[17]分别针对在线制导方法和随后的跟踪控制方法进行了初步的研究。而就再入制导策略而言,影响制导的结果的因素主要有:①安全可达区域的范围;②对模型误差和外界干扰的抑制能力。沈作军博士[14,15]的轨迹在线生成技术不是出于最优性能考虑的,可能会影响飞行器的某些性能,如缩小安全可达区域的范围[18]。

新的高超声速飞行器的制导、控制系统必须能够适应快速改变的外界环境,处理好大的模型参数不确定性和外界干扰,并具备重新规划轨迹和重构控制的能力。这就要求发展出于最优性能考虑的轨迹在线优化技术和对实际飞行过程中遇到的不确定性(飞行器自身模型参数不确定性、结构不确定性)及外界干扰(环境的不确定性)具有自适应能力,能够自动生成制导指令,具有更高的自主性、鲁棒性和智能性的先进制导、控制技术。因此,研究高超声速飞行器的轨迹在线优化和制导技术,对于提高再入制导方法的自动化和自适应性具有极其重要的意义。

1.2 约束条件下的末制导律研究现状

1.2.1 带落角约束的末制导律

1. 比例导引律

传统比例导引律无法对落角约束进行控制,随着人们对比例导引律的改进,基于比例导引的制导律设计也被应用到带落角控制的末制导律设计中去。

针对攻击静止或者缓慢移动目标,文献[19]基于比例导引制导方法提出了拦截角度控制的末制导律。在得到线性轨迹解的基础上,通过比例导引律估计了拦截角度,然后将估计角度和期望角度之间的误差反馈到制导命令中,通过修正角度误差最终得到期望的落角。末制导律中包含了剩余时间,可进一步对剩余时间进行估计。

偏置比例导引是通过引入偏置参数,使得制导性能相对纯比例导引更好,稳定性更高。偏置比例导引律是在法向加速度命令上引入一个偏置项,避免在视线角速率趋近零时法向加速度出现震荡。Kim 等[20]提出了一种新的寻的制导律,此制导律是在比例导引律的基础上增加了一个时变偏置项,此偏置项由视线角、弹目相对距离和导弹飞行姿态角组成,用来满足末端攻击角度约束的要求,所提出的制导律不包含剩余飞行时间,并且此制导律形式非常简单,不过这种制导律局限于固定目标的情况。Jeong 等[21]给带落角控制的偏置比例导引律取名为角度控制偏置比例导引律(ACBPNG),并在小角度假设下线性化运动方程,求解了满足落角约束的 ACBPNG。由于文献[21]在小角度下才成立,使得落角范围有限,而且不能攻击机动目标,文献[22]针对这些缺点,改进了这种 ACBPNG方法。应用非线性运动方程来设计末制导律,与文献[21]中的常数偏置项不同,文献[22]在比例导引基础上引入一个时变的偏置项,这样能够使落角控制更加精确。

在传统比例导引律基础上,文献[23,24]针对终端角度约束提出了两阶段制导方法。当比例导引系数 $N < 2$ 时,文献[23]中落角范围能达到 $-\pi \sim 0$;当 $N = 2$ 时能够以期望的落角攻击静止或者运动目标。应用偏置比例导引末制导律,文献[24]提出在末制导初段应用拥有常数偏置项的偏置比例导引,当落角达到期望的落角时再转换到纯比例导引上去。由于两阶段制导方法只需要视线角速率信息来控制落角,所以这种制导方法能够应用到无源导弹系统中,但是存在两个缺陷。首先,对导弹过载要求比较高,当导弹加速度能力有限时,会导致比较大的脱靶量和落角误差;其次,当期望的落角要求较大时,在第一阶段会产生很大的视场角,容易导致目标跟踪失败。针对这两个缺陷,文献[25]在文献[24]的两阶段偏置比例导引方法的基础上提出了时变偏置项方法,很好地解决了落角约束和视场角限制问题,并且考虑了加速度能力受限的问题。

由于比例导引只考虑了运动学关系,而实际应用中需要考虑飞行器动力学约束,飞行器有可能无法理想地响应给出制导指令,所以文献[26]针对制导参数设计了闭环非线性自适应律,保证了高精度打击效果。针对高超声速飞行器末端定向定点打击,提出了具有自适应能力的高精度比例导引律,为确保飞行器有足够的时间进行横纵向调整,设计了一种合理的收敛策略,提高了比例导引进入的时间,以保证落角落点约束的满足。

纯比例导引律由于结构简单,需要的制导参数少,得到了广泛的应用,但是它无法很好地处理带落角约束的末制导问题。虽然偏置比例导引律能够处理带落角约束的末制导问题,但是它没有考虑动力学问题,对多约束条件下的末制导问题也很难处理。

2. 最优制导律

基于最优控制理论的导引律能够考虑导弹—目标的动力学问题,并可以考虑制导过程起点或终点的约束条件或者其他约束条件,如终端脱靶量最小、时间最短、控制能量最小、导弹和目标的交会角要求等,并根据给出的性能指标寻求最优制导律。

对于含终端角度约束的最优制导律的设计,应用比较多的是线性二次最优控制理论。Kim 等[27]首先采用线性二次最优控制理论推导出一种再入飞行器攻击地面匀速运动目标的次优制导律,使命中目标时的末端脱靶量和末端弹道倾角都能满足给定的要求;但是该文献只研究了俯冲平面内的制导律,并且在数学模型中忽略了再入飞行器的攻角。York 等[28]提出的最优制导律在某些形式上与 Kim 提出的制导律相似,并将其结果应用于具有一阶模型的自动驾驶仪中。文献[29]针对任意时变加速度约束的导弹,提出了闭环次优制导方法,该方法基于线性二次型最优控制理论,能够攻击运动和机动目标且具有高阶驾驶仪动态特性的导弹,得到了满足落角约束的次优制导律。事实上,线性二次最优控制理论还可以处理更多的终端约束。

对于运动目标,最优制导律也能够满足终端攻击角度的约束条件。Ryoo 等[30]和 Tahk[31]针对运动目标,分别给出了具有末端攻击角度约束的最优制导律。前者假定导弹速度恒定,后者所讨论的导弹速度是时变的。Song、Shin 和 Cho[32]对于具有机动的目标和速度时变的导弹,将最优落角约束控制问题和目标估计、滤波相结合,在笛卡儿坐标系内,基于能量最优准则,利用 Schwartz 不等式,推导出适用于反舰导弹的带落角约束的最优制导律,此制导律能够满足导弹以期望攻击角度命中目标;同时提出对目标轨迹估计的滤波器,在可能的等价条件中将二者一起使用,仿真证明该制导律在反舰导弹主动寻的交战过程中是非常有效的。

文献[33,34]以剩余时间的函数为权函数研究了带落角约束的制导律。文献[33]通过线性二次型最优控制理论求解了满足落角约束的最优制导律,通过引入剩余时间权函数使制导指令在末端趋向于零。文献[34]通过最小值原理求解了一种适合于打击空中目标和地面目标的广义矢量显式制导律,能够使导弹以一定的攻击角度攻击目标。文献[35]以剩余航程的函数为权函数研究了基于比例导引律下的最优制导律。以剩余时间和剩余航程的函数为权函数得到的最优制导律,随着剩余时间和剩余航程趋于零,终端制导指令趋于零。文献[36]以期望的落角方向为坐标轴定义了落角坐标系,在落角坐标系中基于小角度假设下建立了线性化的运动关系方程,应用 Schwarz 不等式,分别研究了控制系统为一阶惯性环节和无惯性环节情况下带落角约束的任意加权最优制导律,得到了最优制导律的一般表达式。对于无惯性环节控制系统以及加权函数为一般初等函数类型的一阶惯性环节控制系统,当加权函数的逆的一次到三次积分都能求出解析表达式时,就可以得到解析形式的最优制导律。对于不同的制导目的,应用文献结果可以方便地设计相应的末制导律。所得末制导律推广了现有一些文献的结论,并且给出了指数权函数下的满足落角约束的最优末制导律。

虽然最优制导律可以根据不同的系统建立数学模型,并将各种约束条件考虑进去,但是由于存在着许多不确定因素,例如导弹的气动参数与控制系统参数可能有别于理论设计、飞行过程中外界环境存在剧烈变化以及目标发生机动等,故导致所建立起来的系统模型存在不确定性,完全依赖这种模型所得到的制导律是不够精确的。在理想情况下,最优制导律可以获得最佳的飞行弹道,但在不确定因素的作用下,弹道性能可能变差。另外最优制导律对目标加速度的估计误差、剩余飞行时间估计误差灵敏度高,对测量元件也提出了很高的要求。当剩余飞行时间估计误差较大时,精度急剧下降。

3. 滑模变结构制导律

采用鲁棒制导律是应对制导参数的不确定性和外部干扰即目标机动的有效措施。由于滑模变结构控制对于参数摄动和外界干扰具有良好的自适应性和鲁棒性,使得它在导弹制导控制中已得到广泛的应用[37-46]。滑模变结构一般包括最优滑模变结构[47-49]、双滑模变结构[50-53]、全局滑模变结构[54-56]以及 Terminal 滑模变结构[57-59]等。

文献[60]针对静止或者缓慢移动目标,应用高性能滑模控制方法得到了一种新的落角约束控制末制导律。文献[61]针对某些制导武器命中目标时的落角指标要求,基于变结构理论和 Lyapunov 稳定性理论推导了一种末端带落角约束的滑模变结构末制导律,并证明了其稳定性。文献[62]针对高超再入飞行器以预定角度攻击地面目标的要求,提出一种基于 Lyapunov 稳定性原理的具有终端落角约束的末制导律。该末制导律在纵向平面内将视线角及其角速率视为状态变量,合理构造 Lyapunov 函数,通过调节 Lyapunov 函数的系数,保证以期望的落角击中目标,不需要增加任何制导观测信息,就可以有效满足落角约束要求。文献[63]针对打击地面目标的制导问题,在建立地面目标和导弹的相对运动学关系的基础上,基于零化弹目视线角速率的思想,采用变结构控制理论的方法,通过选择理想的终端角度确定一个光滑的非线性滑动模态,代替传统末制导律设计的滑动模态,利用 Lyapunov 稳定理论设计得到了具有鲁棒性的滑模末制导律,实现了在有限时间精确打击目标、满足终端角度的要求。

上述鲁棒制导规律分析方法均建立在传统 Lyapunov 渐近稳定性理论或指数稳定性理论基础上,数学原理上只能保证当时间趋于无穷时,相应的制导系统状态趋于零,因此从理论角度讲是不完善的。文献[64]在末制导律设计中应用 Terminal 滑模使跟踪误差在有限时间内收敛到零,但是没有考虑落角约束。文献[65]应用终端滑模控制,使落角在有限的时间内收敛。文献[66]研究了在有

6

限时间内收敛到期望落角的滑模制导律,使视线角速率在制导结束之前收敛到零,并应用有限时间收敛稳定理论和变结构控制理论,求解了具体的收敛时间。文献[67–69]针对不同的控制系统应用滑模控制讨论有限时间收敛问题。

虽然终端滑模技术能够提高末制导律的性能,但是当误差控制到一个很小的值时会出现奇异现象。针对奇异问题,文献[70]研究了带落角约束的非奇异终端滑模控制末制导律,能够以任何角度拦截静止和非机动目标,并且期望的落角能够在有限的时间内达到,对外界不确定性具有很强的鲁棒性。

1.2.2　多约束条件下的末制导律

虽然国内外对多约束条件下的末制导律研究相对较晚,但是由于近年来在非线性控制和几何控制方面的理论研究取得了突破,并被推广到各类时变、耦合的非线性控制系统的研究中,使得多约束制导律的研究理论起点较高,成果较好,主要包括落角约束、攻击时间约束、终端速度约束、攻角约束、视场角约束以及加速度约束等。

1. 带攻击时间和终端落角约束的末制导律

攻击时间控制和终端落角控制都是提高导弹性能的重要参数,尤其是协同攻击时,攻击时间的控制尤为重要。考虑了攻击时间和终端落角约束的导弹群,能够实施协同制导,对目标进行饱和攻击。

Jeon 等[71]针对固定目标或运动速度缓慢目标,提出了一种能够同时控制末端攻击角度和攻击时间的制导律,该制导律能够导引导弹在指定攻击时间以期望攻击角度命中目标。该制导律包含两项,第一项用来控制末端攻击角度,第二项用来控制攻击时间。仿真结果证明该制导律应用在反舰导弹饱和攻击交战过程是有效的。文献[72]考虑了一类有终端角度和命中时间约束的反舰导弹制导律设计。在三维空间上,对终端角度约束情况,采用 Backstepping 控制方法设计具有俯冲和转弯通道末端角度约束的制导律;对终端时间约束情况,则采用时间匹配和补偿的制导律。最后,将这两种制导律进行有机的结合。但文献并未解决制导参数优化和控制稳定性问题。

针对运动目标,文献[73]利用一种新的视线角速率技术以及二阶滑模方法求解了满足落点时间控制和落角控制的末制导律,该末制导律能很好地满足落点时间约束和落角约束。在视线角速率变化过程中,通过调整参数,能够产生符合各种约束的弹道,并且法向加速度在可控范围内。应用最优化方法,通过几步迭代就能够找到符合约束条件的最优参数。如果目标位置已知,那么最优参数能够离线生成,这样能够节省很多优化时间。求解的末制导律对于任何要求以期望的时间和期望的落角到达固定地点的常速飞行器都是可行的。其优点是:

应用滑模方法求解的末制导律,对外界干扰具有很强的鲁棒性,这种鲁棒性使得比应用最优控制得到的末制导律具有更强的适用性;在满足时间和落角约束的条件下,法向加速度较小;考虑了非线性运动模型,比基于小角度线性化更符合实际情况。文献[74]在偏置比例导引律的基础上再添加一个偏置项设计了一个考虑落角和攻击时间约束的末制导律,其中法向加速度直接被用作制导命令。

以上文献研究的导弹速度是常值,而实际中速度是时变的,为此文献[75]研究了导弹速度变化情况下的攻击时间预测与控制及攻击角度控制的三维导引律。文献[76]针对导弹速度非定常情况下的协同制导问题,提出了两种分别满足攻击时间约束、攻击时间与攻击角度约束的制导律。首先通过求解导弹在比例导引及带攻击角度约束的偏置比例导引下的系统微分方程,得到导弹飞行的实际剩余航程,并根据指定的攻击时间与导弹的实际速度曲线构造标称剩余航程,将攻击时间控制问题转化为导弹实际剩余航程对标称剩余航程的跟踪问题。然后,在比例导引及偏置比例导引的基础上附加反馈控制项,使导弹实际的剩余航程跟踪标称值,从而实现导弹速度时变情况下攻击时间的控制要求。

2. 带终端落角、终端加速度和视场角约束的末制导律

除了时间控制之外,当外界存在干扰时,对导弹的终端加速度约束显得更加重要。终端加速度越小,导弹就有更大的裕度来抵抗外界的干扰。为增强导引律的鲁棒性,Lee 等[77]设计了同时满足终端角度和加速度约束的最优制导律,由于限制终端法向加速度可有效地避免制导指令饱和,故为抑制外界干扰(如目标机动和阵风的影响)留出一定的控制裕量。文献[78]研究了终端落角和终端加速度约束的末制导律。首先假设导弹的制导指令为剩余时间的多项式形式,然后通过满足具体的终端约束条件求解了制导指令的系数,最终得到了满足条件的制导指令。通过求解的闭环轨迹解,分析了制导指令和视线角的最大值以及取得最大值时的时间,并通过导弹的过载和视线角的极限值求解了满足要求的制导增益选择范围。而文献[79]在文献[78]得到的末制导律的基础上,增加了能使导弹增加可视性的偏置项,得到了振荡型的弹道轨迹。

考虑落角约束的弹道一般都比较弯曲,而弯曲的弹道容易使视场角超出导弹导引头的视场角范围,因此研究考虑视场角限制的落角约束末制导律具有重要的实际意义。文献[80]提出了一种考虑视场角限制的最优落角控制末制导律,该末制导律有三部分加速度命令组成,即:在初始制导阶段,第一部分制导指令使视场角接近最大值;在中制导阶段,第二部分制导指令使视场角保持为常值;在末制导阶段,第三部分制导指令为最优落角控制制导命令。这样保证在满足落角约束的情况下,使视场角始终在在导引头探测范围之内。

3. 带终端落角和攻角约束的末制导律

攻角为速度矢量在纵向对称面上的投影与导弹纵轴之间的夹角,所以控制导弹攻角对提高导弹的稳定性和打击能力有重要的作用。大的终端攻角不仅影响导弹的毁伤效果,甚至会损坏导弹的机械结构,因此有必要研究带攻角约束的落角约束末制导律。而现阶段关于攻角约束的研究还非常少,仅有少数的几篇文献研究了这类问题。文献[81]考虑了终端落角和终端攻角约束的问题,通过求解线性二次终端控制问题,得到了包含终端攻角约束的末制导律。通过两阶段控制方法对落角和攻角进行控制,由于约束条件较多,方程比较复杂,文献[81]将方程进行简化,先主要控制落角,当落角满足要求时在对攻角进行控制约束,最终使两个约束条件都满足要求。文献[82]针对现代导弹武器多约束、高精度制导的基本要求,在综合考虑带落角和末端攻角约束的条件下,用二次型最优控制推导出一种新的最优末制导律。

1.2.3 考虑自动驾驶仪动态特性带落角约束的末制导律

导弹自动驾驶仪的动态特性是影响制导精度的主要因素之一,在实际制导过程中如果不考虑导弹自动驾驶仪的动态延迟特性,制导精度就难以得到保证。因此,考虑自动驾驶仪动态特性制导律的研究具有实际意义。

考虑自动驾驶仪动态特性的文献较多,例如:文献[83,84]研究了导弹自动驾驶仪具有一阶动态特性的制导律;文献[85]考虑了导弹自动驾驶仪二阶动态特性的制导规律中常含有视线角速率的高阶导数,不易于实际应用。在导弹制导和自动驾驶仪设计方面应用动态面的控制方法的研究,主要考虑气动力只是由攻角提供,忽略了舵偏角产生的气动力,实际上是一种攻角控制。而文献[86]考虑了导弹的控制系统存在动态延迟特性,根据平面内目标—导弹相对运动动力学方程,把导弹自动驾驶仪视作二阶动力学环节,基于零化视线角速率的原则,应用动态面控制方法设计了新型的制导律。为了利于实际应用,通过引入一阶低通滤波器,使得制导规律中避免出现视线角速率的高阶导数,所设计的新型制导律克服了导弹控制系统的动态延迟特性对制导精度的影响,在目标机动加速度快速变化且导弹自动驾驶仪滞后较大的情况下,该制导律仍具有较高的制导精度。

以上文献都没有考虑落角约束条件,文献[87]针对具有一阶惯性环节的系统,通过求解三阶线性时变常微分方程得到了带有落角约束的制导律的解析表达式;通过求解的解析解,分析了制导指令的特性以及导弹加速度和导弹速度变化的特点。由于需要求解三阶时变微分方程,求解过程比较复杂,因此需要研究更简单的考虑自动驾驶仪动态特性下带落角约束的末制导律的方法。

1.3 轨迹优化数值方法研究现状

飞行器轨迹优化问题一般为非线性、带有状态和控制约束的最优控制问题。本书中的多约束条件下的末制导问题可以看作是一个轨迹优化问题，即满足各种约束条件下的最优控制问题。

最优控制问题的起源可追溯到 17 世纪由 Bernoulli 提出的著名 Brachysto-chrone 最速降线问题。经过上百年的研究，最优控制理论得到了充分发展并取得了长足的进步。早在 1847 年，Cauchy 就提出了经典的极值梯度算法；20 世纪 50 年代，Bellman 推导了最优性充分条件，完成了动态规划方法的奠基性工作；1962 年，Pontryagin 为解决包含约束条件的最优控制问题提出了极大（极小）值原理，该方法得到"bang – bang"形式的最优控制解。但是随着约束条件的增多以及考虑的问题越来越复杂，传统的方法已经很难求解到最优控制问题的解析解。随着计算机的问世以及商业计算机的普及，轨迹优化方法逐步由解析的方法向数值方法转变[88]。数值方法将连续时间的最优控制问题通过某种途径转换为近似的、有限空间的、一定精度范围内的离散优化问题，通过求解离散问题的解而得到原最优控制问题的解。

1.3.1 轨迹优化的一般性描述

用数学的语言来描述，飞行器轨迹优化问题实际上是一组包含微分—代数约束和不等式约束的非线性最优控制问题，即在满足各种约束的条件下，寻找系统的动态输入，使得某种特定的性能指标最小化（或最大化）。一般性描述为：寻找控制变量 $\boldsymbol{u}(t) \in \mathbf{R}^m$，使 Bolza 型代价函数最小化[89]，即

$$J = \boldsymbol{\Phi}[\boldsymbol{x}(t_0), t_0, \boldsymbol{x}(t_f), t_f] + \int_{t_0}^{t_f} g[\boldsymbol{x}(t), \boldsymbol{u}(t), t]\mathrm{d}t \qquad (1-1)$$

动态约束

$$\dot{\boldsymbol{x}} = f(\boldsymbol{x}(t), \boldsymbol{u}(t)) \qquad (1-2)$$

路径约束

$$C(x(t), \boldsymbol{u}(t), t) \leqslant \boldsymbol{0} \qquad (1-3)$$

边界条件（事件约束）

$$\boldsymbol{\phi}(\boldsymbol{x}(t_0), t_0, \boldsymbol{x}(t_f), t_f) = \boldsymbol{0} \qquad (1-4)$$

式中：$x(t) \in \mathbf{R}^n$ 为状态变量；$\boldsymbol{f}: \mathbf{R}^n \times \mathbf{R}^m \to \mathbf{R}^n$；$C: \mathbf{R}^n \times \mathbf{R}^m \to \mathbf{R}^s$；$\boldsymbol{\phi}: \mathbf{R}^n \times \mathbf{R}^n \to \mathbf{R}^q$；$t$ 为时间（t_f 可以固定也可以自由）；$\boldsymbol{\Phi}$ 为迈耶尔型代价函数；g 为拉格朗日型代

价函数。

轨迹优化数值方法按照不同的标准可以分为以下几类[90]：①间接法和直接法；②积分法和微分法；③单目标优化方法和多目标优化方法；④确定性优化方法和鲁棒优化方法；⑤纯数学方法和非纯数学方法等。按照目前发展看，间接法和直接法是求解非线性最优控制问题数值解的两大方法。

1.3.2　间接法

间接法主要利用变分学和拉格朗日算子法，求解由最优控制问题的一阶必要条件得到的哈密顿多点边值问题。首先引入哈密顿函数，即

$$H(\boldsymbol{x}(t), \boldsymbol{u}(t), \boldsymbol{\lambda}(t), t) = g(\boldsymbol{x}(t), \boldsymbol{u}(t), t) + \boldsymbol{\lambda}^{\mathrm{T}}(t)\boldsymbol{f}(\boldsymbol{x}(t), \boldsymbol{u}(t), t)$$

$$(1-5)$$

式中：$\boldsymbol{\lambda}^{\mathrm{T}}(t)$ 为协态变量。

那么最优控制问题存在最优解的必要条件是存在非零矢量函数 $\boldsymbol{\lambda}^*(t)$，$t \in [t_0, t_f]$，使得 $\boldsymbol{u}^*(t), \boldsymbol{x}^*(t), \boldsymbol{\lambda}^*(t), t_f^*$ 满足以下条件[91]：

（1）正则方程

$$\dot{\boldsymbol{\lambda}}^* = -\frac{\partial H(\boldsymbol{x}^*(t), \boldsymbol{u}^*(t), \boldsymbol{\lambda}^*(t), t)}{\partial \boldsymbol{\lambda}}$$

$$(1-6)$$

$$\dot{\boldsymbol{x}}^* = \frac{\partial H(\boldsymbol{x}^*(t), \boldsymbol{u}^*(t), \boldsymbol{\lambda}^*(t), t)}{\partial \boldsymbol{x}}$$

$$(1-7)$$

（2）边界条件

$$\boldsymbol{x}(t_0) = \boldsymbol{x}_0 \quad G[\boldsymbol{x}(t_f), t_f] = \boldsymbol{0}$$

$$(1-8)$$

（3）横截条件

$$\boldsymbol{\lambda}(t_f) = \frac{\partial \boldsymbol{\Phi}}{\partial \boldsymbol{x}(t_f)} + \frac{\partial \boldsymbol{G}^{\mathrm{T}}}{\partial \boldsymbol{x}(t_f)}\boldsymbol{\nu}$$

$$(1-9)$$

（4）最优终端时刻条件

$$H(t_f) = -\frac{\partial \boldsymbol{\Phi}}{\partial t_f} - \frac{\partial \boldsymbol{G}^{\mathrm{T}}}{\partial t_f}\boldsymbol{\nu}$$

$$(1-10)$$

（5）在最优轨线 $\boldsymbol{x}^*(t)$ 和最优控制 $\boldsymbol{u}^*(t)$ 上哈密顿函数取极小值，即

$$\min_{\boldsymbol{u} \in U} H(\boldsymbol{x}^*, \boldsymbol{\lambda}^*, \boldsymbol{u}, t) = H(\boldsymbol{x}^*, \boldsymbol{\lambda}^*, \boldsymbol{u}^*, t)$$

$$(1-11)$$

式(1-8)由边界条件式(1-4)分解成初始条件和终端约束条件得到。间接法的求解过程是先由式(1-11)求解出最优控制变量的表达式，再求解由正则方程、边界条件、横截条件和最优终端时刻条件组成的两点边值问题，从而获得最

优轨迹和相应最优控制的数值解。

在早期的轨迹优化中,极大值原理得到了广泛的应用。文献[92]以变分和庞特里亚金极大值原理为理论基础,研究了超声速再入飞行器无动力飞行最优滑翔问题。文献[93]在极大值原理的基础上将切比雪夫问题转化为受约束的状态变量的问题,而文献[94]也对这个问题做了类似的研究。文献[95]对基于极大值原理的最优气动辅助变轨问题进行了研究。Vasile[96]应用间接法研究了以最小热流密度和最大终端速度等为优化指标的再入优化问题。由于间接法需要求解两点边值问题,而有些复杂的最优控制问题很难求解两点边值,所以导致间接法处理最优控制问题的难度较大。

间接法的优点是能够保证解的局部最优性,解的精度较高,并可根据协态变量从本质上分析哈密顿动力系统的几何结构特征;缺点是对协态变量的初值猜测存在困难,求解两点边值问题的收敛域较小,在处理含路径约束的非线性最优控制问题时需要将其转化为终端约束条件后才能进一步解算,且由于协态变量的敏感性很难找到收敛解。因此,间接法在实际的工程应用中受到很大的限制。

1.3.3 直接法

直接法是通过某种离散方法将状态变量和(或)控制变量离散化,从而将原始的连续时间最优控制问题转化为非线性规划问题(Nonlinear Programming Problems,NLP),利用相应的 NLP 求解器对 NLP 求解来得到原最优控制问题的解。直接法根据离散对象的不同,分成仅离散控制变量和离散控制与状态变量两种方法。不同的离散变换下的直接优化方法的分类如图 1 - 1 所示。

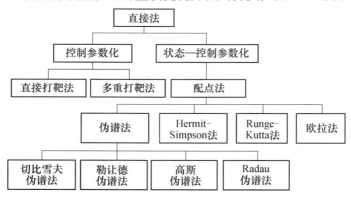

图 1 - 1 直接优化方法分类

直接法中的控制参数化方法是早期主要的离散方法,包括直接打靶法和多重打靶法。由于打靶法思路简单,利用较少的优化参数就能得到高精度的解,在

12

早期的轨迹优化中得到广泛应用。例如：文献［97］在证明直接打靶法收敛性的基础上利用直接打靶法求解了再入轨迹优化问题；文献［98］研究了飞行器中段的轨迹优化问题；而文献［99］则利用多重打靶法求解了轨迹优化问题。打靶法对于简单的最优控制问题比较适用，但是对于复杂的优化问题由于离散后的NLP规模过大，需要很长的时间才能求解到满足要求的解，从而导致在实际工程应用中受到了限制。

直接法中的状态—控制参数化方法又称配点法，包括伪谱法（Pseudospectral Method，PM）、Hermit – Simpson 法、Runge – Kutta 法以及欧拉法。其中，PM 是最近几年发展比较快的方法，也称正交配点法（Orthogonal Collocation），利用全局插值多项式的有限基在一系列的离散点对状态变量和控制变量进行近似，通过对全局多项式求导来近似动力学方程中的状态变量对时间的导数，在一系列配点上满足动力学方程右端非线性函数的约束，将微分方程转化为一组代数约束，避免了打靶法中对动力学方程的积分过程，提高了优化速度，同时提高了对初值猜测的裕度。详细的求解过程可参看第 5 章。

伪谱方法起源于求解流体力学问题的谱方法，文献［100］最早将伪谱方法引入到最优控制问题的求解中，之后伪谱方法被应用到普通微分方程描述的非线性系统中[101]。近年来伪谱方法在求解最优控制问题数值解上得到了广泛的应用，尤其是航空航天领域。例如，文献［102 – 105］将伪谱方法应用到高超声速飞行器的研究中，其中：文献［102］采用勒让德伪谱方法求解了三维高超声速再入轨迹最大横程问题，并验证了优化结果满足一阶最优性条件，但该计算方法耗时较长；针对文献［102］中的问题，文献［103］利用高斯伪谱方法来求解，当精度与文献［102］相当时减少了优化时间，表明高斯伪谱方法比勒让德伪谱方法具有更快的求解速度；文献［104］针对一般 Gauss 伪谱方法进行高超声速滑翔飞行器轨迹优化设计存在的问题，提出了轨迹分段优化策略，将轨迹优化的一般最优控制问题转换为多段最优控制问题，进而将各段轨迹按 Gauss 伪谱方法进行离散化，将连续多段最优控制问题转换为非线性规划问题进行求解，能够设计出满足各种约束条件的优化轨迹；文献［105］采用平衡滑翔条件结合横向误差走廊的方法计算满足各种约束的三维再入轨迹，把它作为高斯伪谱方法的初值，弥补伪谱方法对初值的敏感性，然后采用"Gauss 伪谱 + SQP"的优化方法进一步求解满足各种约束、同时使性能指标最小的再入轨迹。

伪谱方法还被应用到编队卫星的研究中。Huntington 等[106]使用 Gauss 伪谱法直接将四面体卫星编队的队形重构问题转化为非线性规划问题，但其重构过程并没有考虑碰撞规避，可能会导致各星之间产生碰撞；而文献［107］考虑了在近地轨道环境下应用伪谱法处理队形重构问题，但其规划方法是离线的，不具有在线的能力;为了弥补文献[106,107]的不足,文献[108]提出了基于伪谱法的编队卫星队形重构最优轨迹规划方法,首先应用 Legendre 伪谱法将队形重构问题离散为非线性规划问题,然后通过庞特里金极小值原理计算出不考虑碰撞规避问题时各星最优轨迹的解析形式,并由此计算出各星间的碰撞点,最后在碰撞点附近设置符合高斯分布的测试点,进一步避免各星在配置点间发生碰撞,得到满足各种约束条件的队形重构的最优轨迹,该方法计算精度高、速度快,能够使编队卫星自主重构。

为了提高再入制导的适应性和鲁棒性,文献[109]提出了一种最优预测校正制导方法。根据伪谱方法将再入动力学微分方程约束转换为代数方程约束,将制导问题转换为不需要积分弹道的最优规划问题,利用 Gauss 伪谱法收敛速度快、精度高的特点,设计了航路点间分段优化的伪谱自适应鲁棒再入制导律,并对制导律的特性进行了分析。

文献[110]将 Gauss 伪谱法和传统的直接打靶法相结合,针对两种方法的特点和多约束条件下最优月球软着陆轨道设计的难点,提出了将控制变量和终端时间一同作为优化变量,利用高斯伪谱法求解初值,初值的求解采用从可行解到最优解的串行优化策略,最后利用直接打靶法求解精确的最优解。文献[111]还将伪谱方法应用到研究无人机中,利用高斯伪谱法解决无人作战飞机在对地攻击阶段的武器投放轨迹规划问题。

以上文献只是从数值仿真中验证设计的方法的有效性,而实际上伪谱法已经在航空航天领域中得到应用。2006 年 11 月 5 日,国际空间站执行了一次大规模的姿态调整。与以往不同的是,这次被称为"零推进剂机动"的任务是基于伪谱最优控制理论进行的,这是伪谱方法首次获得大规模的实际应用,不仅节省了 150 万美元的推进剂费用,而且实现了原本用现有国际空间站控制算法不能完成的任务[112]。

迄今为止,伪谱方法已经应用于解决无人机航迹规划、导弹制导、机械臂轨迹优化、倒立摆的稳定、航天器轨道机动和入轨飞行器上升段制导等大量的最优控制问题,成为目前解决最优控制和轨迹最优化问题最有效的工具[113]。

1.3.4 新进展

随着对非线性最优控制问题数值解法的深入研究,人们逐渐发现近似解的精度、收敛速度和计算效率不仅与配点的选取方法有关,还与其配置方式紧密相连。动态的节点配置方式能够以更有效的代价得到更高精度的近似解,相应地出现了自适应 h 法和自适应伪谱法。

14

1. 自适应 h 法

致力于研究传统配点法的学者,提出了自适应 h 法[114-116],通过设定某种解的误差判定准则,对不满足求解精度要求的区间进行进一步的网格细化,生成非一致的节点分布形状。与 h 法的等间距节点分布方式相比,自适应 h 法在形式上更为灵活,从而提高了解的优化速度和精度。例如,文献[114,115]提出了一种基于节点密度函数的网格点分布算法,根据密度函数重新定义网格内节点的分布形状,以较高的分辨率捕捉状态变量和控制变量的任意不连续性和非平滑性,提高整个优化算法的收敛速度,并将其应用于能量受限的最优轨迹优化问题中;文献[116,117]给出了一种基于多分辨率的自适应 h 法轨迹优化算法,根据迭代过程中的误差大小,自动生成非一致网格点,与比 h 法相比不需额外的计算代价便可处理控制变量和状态变量的不连续性。

2. hp 法

hp 法最早起源于计算流体力学和偏微分方程中的有限元法,结合了 p 法的快速收敛性和 h 法的计算稀疏性的特点。文献[118-120]对 h 法、p 法、hp 法的数学特性进行了详细的描述,指出 hp 法根据某种误差准则,同时进行网格的局部细化和插值多项式维数的局部调整,能够以较少的计算代价获得较高精度的解。文献[121]对 hp 法在流体力学和偏微分方程中的应用进行了详细的介绍。近两年,文献[122-124]将 hp 法引入了非线性最优控制问题的求解中,并将其应用于再入轨迹的优化问题中。文献[125-128]从理论上对多区间伪谱法的离散化方式、协态变量的估计、离散最优解与连续最优解的等价性进行了研究,证明了在协态变量连续的条件下,其转换伴随系统是连续时间最优控制必要条件的离散等价形式;同时指出 hp 伪谱法能够得到连续时间最优控制问题的状态变量、控制变量和协态变量的高精度近似解。随着对 hp 伪谱法的深入研究,可以发现 hp 伪谱法中 h 法和 p 法的不同结合方式所带来的高效率与高精度是与所研究的具体问题紧密相连的。

此外,目前的大部分轨迹优化问题都是针对单阶段而言的,即只有一个飞行阶段、一个优化模型,当优化的最优控制问题涉及多个阶段、多个优化模型形式,或某些实际约束不能被简单处理时,需要将其转化为多阶段最优控制问题,统一于一个模式下同时求解。李瑜[129,130]采用直接打靶法完成了助推—滑翔导弹的多段轨迹优化问题。Gath[131]将复杂多约束的轨迹优化问题转化为多约束多阶段优化问题,完成了运载火箭的多级轨迹优化任务。Rao[132]首次提出了基于伪谱方法的求解多阶段最优控制问题的一般性描述,随后将其集成于一个优化软件包内[133]。杨希华[134]利用高斯伪谱法完成了多段运载火箭上升段轨迹规划。关成启[135]也对高斯伪谱法在多段轨迹优化中的应用进行了相应的研究。

1.4   再入制导方法研究现状

标准轨道制导法、预测制导法是高超声速飞行器再入制导的两大类方法。

1.4.1   标准轨道制导法

标准轨道制导法[136]是一种较为简单的制导方法,只需在制导控制系统中预先装载选定好的标准轨迹及相应参数。实际飞行过程中,制导系统通过将当前的飞行状态参数与标准参数相对比,以得到的误差信号来产生控制规律。它受初始条件误差、大气密度的变化、飞行过程中气动系数偏差等因素的影响较大,制导精度低。

标准轨道制导法在设计过程中轨迹的生成与跟踪控制律的设计是分开设计的。轨迹的生成采用两种方法:离线优化、在线规划。离线优化的轨迹(如航天飞机的再入走廊规划法)在用于在线跟踪时受飞行环境、导航信息噪声等许多不确定因素影响,会造成纵程、横程与航向角的误差较大。在线参考轨迹规划是指在飞行器再入滑翔前的一小段时间内,依据当前的飞行状态和各种约束条件,在线实时规划出一条可行的参考轨迹,但不一定是最优的。实时规划出的参考轨迹用以跟踪控制,相比离线规划法,更加灵活、自适应性更强。很多学者对在线轨迹规划方法进行了研究,其中具有代表性的是美国依阿华州立大学的沈作军[14]提出的多约束三自由度再入轨迹在线生成方法,基于拟平衡滑翔(Quasi - Equilibrium Glide,QEG)假设,将飞行器再入过程中的各种约束转换为控制变量倾侧角的约束,从而将最优控制问题转化为一个关于倾侧角的单参数搜索问题,能在 2~3s 的时间内生成规划出一条满足多种约束条件的可行轨迹。

很多学者对随后的跟踪控制律进行了研究。例如:Dukeman[137]提出了一种基于线性二次调节器(LQR)的纵向反馈跟踪控制律;Cavallo[138]设计了一种结合 LQR 与变结构系统的再入制导律;Lu[139]提出了一种基于逼近滚动时域方法的预测控制法,具有线性时变系统的闭环稳定特性;Cao[140]等设计了一种比例微分—变结构制导律;李瑜[141]采用 LQR 跟踪控制器完成了对纵向参考弹道的跟踪控制,提出了同时结合航向角误差和偏差距离法的自适应改进横向控制策略。

1.4.2   预测制导法

预测制导法[142]是以消除实际轨迹的预报落点和预定落点位置之间偏差为目的的制导方法,对计算机的计算速度和数据的存储能力有较高的要求,在飞行

16

过程中不断地对落点进行修正,相比较而言能够得到较高的制导精度。随着计算机的高速发展,预测制导法将成为具有潜力的制导方法之一。

Schulta[143]最早提出了预测制导法,但受航迹角的影响较大;赵汉元[144]给出了纵程和横程同时控制及分开控制的两种预测制导方法,前者至少需要计算三条轨迹,增加了计算负担,后者选用切普曼预测方程与精确预测方程,根据不同航迹角切换制导规律,虽然减了航迹角对制导方法的影响,但同时也增加了计算量;文献[145]提出了一种预测—校正制导算法,在预测—校正的同时施加路径约束控制规律;潘乐飞[146]提出了通过加大再入段积分步长,将前一制导周期的控制变量应用于当前制导周期上的预测—校正实时制导设想。

1.4.3 新进展

对于再入制导指令生成,在航天飞机以及最新的研究中,制导指令(轨迹)生成和跟踪是分开的,或者如经典方法,在地面进行轨迹优化工作,或者如沈作军所采用的在线快速轨迹生成方法获得,然后再利用较强鲁棒性的控制方法进行跟踪。而新的制导思想是在再入飞行的同时考虑制导指令生成过程以及轨迹跟踪过程。

水尊师[110]基于高斯伪谱法方法给出了一种实时最优预测—校正制导法,主要思想是在航路点间进行轨迹的在线生成。谢陵[15]设计了一种基于拟平衡滑翔条件的最优制导律和基于拟平衡滑翔条件的预测—校正制导律,在飞行闭环仿真中结合拟平衡滑翔条件进行轨迹约束限制,采用自适应制导参数调节方法。Kevin[148]给出了一种基于勒让德伪谱法的实时最优制导方法。

此外,雍恩米[91]还对航天飞机的再入制导及其扩展技术、制导控制一体化技术、各类制导中的横向制导技术进行了详细的概括。

1.5 结 构 安 排

本书前半部分针对约束条件下的末制导律设计与轨迹优化问题,对考虑终端落角、终端加速度、过载、视场角以及攻角等约束条件下的攻击静止或者运动目标的末制导律以及轨迹优化进行了研究;后半部分以升力体构型的高超声速飞行器为应用背景,基于伪谱理论对再入轨迹的快速优化技术、在线轨迹生成及制导技术进行了研究。具体章节安排如下:第1章绪论;第2章带落角和末端攻角约束的最优末制导律;第3章带落角约束针对静止目标的一般加权最优末制导律;第4章终端多约束条件下针对静止目标的剩余时间末制导律;第5章多约束条件下针对运动目标的偏置比例导引律;第6章轨迹优化的数学模型和多区间伪谱法的基本原理;第7章自适应 Radau 伪谱轨迹优化算法;第8章基于自适应伪谱法的再入轨迹快速优化与分析;第9章基于 hp – Radau 伪谱法的再入飞行器实时最优制导方法;第10章 Radau 伪谱方法的收敛性分析。

第 2 章　带落角和末端攻角约束的最优末制导律

末制导律是导弹制导系统的核心,制导律的优劣直接影响到导弹命中目标的精度,选择合适的末制导律是导弹成功拦截目标的基本保证。相对于落角约束的末制导律,多约束条件下的末制导律将落角约束扩展到落角、攻角、过载、能量等多个方面,虽然可更好地提高导弹的毁伤效果,但末制导律设计需要考虑的约束条件增多,末制导律的设计模型更为复杂,末制导律的求解也更为繁琐。

Rusnak I 等在文献[1]中设计了一种带有末端弹体姿态约束的最优末制导律,利用最优控制理论推导出弹体动态为一阶动态特性条件下的最优末制导律,但该末制导律并不能够保证末端攻角满足约束要求。Xing Q 等在文献[81]中考虑了落角和终端攻角约束的问题,通过求解线性二次终端控制问题,得到了包含终端攻角约束的末制导律。文献[81]通过两阶段控制方法对落角和攻角进行控制,首先主要控制落角,然后当落角满足要求时再对攻角进行控制约束,最后使两个约束条件都满足要求。但该末制导律在考虑弹体动态时容易导致脱靶。张友安等在文献[1]和文献[81]的基础上,在文献[82]中针对带落角和末端攻角约束的末制导问题,利用小角度假设建立了二维平面内的弹目相对运动模型,运用线性最优控制方法设计出了一种带落角和末端攻角约束的最优末制导律,可以较好地同时满足落角和末端攻角的约束。

本章结合文献[1]和文献[82],详细介绍带落角和末端攻角约束的最优末制导律设计方法。

2.1　一种带末端多约束的最优末制导律

最优控制理论作为现代控制的重要组成部分,其形成和发展奠定了现代控制理论的基础,其中最大值原理、动态规划和最优线性调节器理论公认为最优控制理论的杰出成就。近几十年来,最优控制理论在国内外学者的努力下逐渐深化,他们采用不同的方法得到了各种不同性能指标下的最优解。在 20 世纪 60 年代到 70 年代中期,末制导律的结构成为主要的研究对象,通常采用线性模型或线性化模型来设计末制导律,如线性二次型最优末制导律、微分对策制导律等。70 年代以来,非线性模型下的制导问题更加引起学者的重视,奇异摄动制导、预测制导等各种形式的最优制导规律均在这一时期出现。

在最优控制中,最关键的问题是最优性能指标的选取和求解。在连续系统中,对最优性能指标问题的求解通常可以转化为一个 HJB(汉密尔顿—雅克比—贝尔曼)方程。对于线性二次型最优控制问题,HJB 方程可以简化为矩阵 Ricca-ti 微分方程,通过迭代求解的方法得到该方程的数值解。作为本章的研究基础,先介绍文献[1]的最优控制方法。

对于给定的线性系统,即

$$\begin{cases} \dot{\boldsymbol{x}}(t) = \boldsymbol{A}\boldsymbol{x}(t) + \boldsymbol{B}\boldsymbol{u}(t) \\ \boldsymbol{x}(t_0) = \boldsymbol{x}_0 \end{cases} \quad (2-1)$$

式中:$\boldsymbol{x}(t) \in \mathbf{R}^n$ 为状态变量;$\boldsymbol{u}(t) \in \mathbf{R}^m$ 为控制变量;矩阵 $\boldsymbol{A}, \boldsymbol{B}$ 分别为合适的状态矩阵与控制矩阵。

综合考虑终端约束和控制能量作为优化指标,即

$$\boldsymbol{J} = \frac{1}{2} \big[[\boldsymbol{x}(t_f) - \boldsymbol{x}_f]^{\mathrm{T}} \boldsymbol{K} [\boldsymbol{x}(t_f) - \boldsymbol{x}_f] + \int_t^{t_f} \boldsymbol{u}^{\mathrm{T}}(t) \boldsymbol{L} \boldsymbol{u}(t) \mathrm{d}t \big] \quad (2-2)$$

式中:$\boldsymbol{K} = \boldsymbol{K}^{\mathrm{T}} \geq 0$ 为常值终端加权矩阵;$\boldsymbol{L} = \boldsymbol{L}^{\mathrm{T}} \geq 0$ 为控制加权矩阵;$t_f, \boldsymbol{x}_f$ 分别为飞行结束时间和指定的终端约束;$\boldsymbol{u}(t)$ 为制导指令;$\boldsymbol{x}(t_f)$ 为终端时刻的状态变量。

文献[1]给出的最优控制为

$$\boldsymbol{u}(t) = -\boldsymbol{L}^{-1} [\boldsymbol{N}\boldsymbol{\Phi}(t_f, t)\boldsymbol{B}]^{\mathrm{T}} \boldsymbol{\Gamma}_Z^{\mathrm{T}} [\boldsymbol{I} + \int_t^{t_f} \boldsymbol{\Gamma}_Z [\boldsymbol{N}\boldsymbol{\Phi}(t_f, \tau)\boldsymbol{B}] \boldsymbol{L}^{-1} [\boldsymbol{N}\boldsymbol{\Phi}(t_f, \tau)\boldsymbol{B}]^{\mathrm{T}} \cdot$$

$$\boldsymbol{\Gamma}_Z^{\mathrm{T}} \mathrm{d}\tau]^{-1} \times \boldsymbol{\Gamma}_Z [\boldsymbol{N}\boldsymbol{\Phi}(t_f, t)\boldsymbol{x}(t) - \boldsymbol{N}\boldsymbol{x}_f] \boldsymbol{u}(t)$$

$$= -\boldsymbol{L}^{-1} [\boldsymbol{N}\boldsymbol{\Phi}(t_f, t)\boldsymbol{B}]^{\mathrm{T}} \boldsymbol{\Gamma}_Z^{\mathrm{T}} [\boldsymbol{I} + \int_t^{t_f} \boldsymbol{\Gamma}_Z [\boldsymbol{N}\boldsymbol{\Phi}(t_f, \tau)\boldsymbol{B}] \boldsymbol{L}^{-1} [\boldsymbol{N}\boldsymbol{\Phi}(t_f, \tau)\boldsymbol{B}]^{\mathrm{T}} \cdot$$

$$\boldsymbol{\Gamma}_Z^{\mathrm{T}} \mathrm{d}\tau]^{-1} \times \boldsymbol{\Gamma}_Z [\boldsymbol{N}\boldsymbol{\Phi}(t_f, t)\boldsymbol{x}(t) - \boldsymbol{N}\boldsymbol{x}_f] \quad (2-3)$$

$$\boldsymbol{K} = \boldsymbol{\Gamma}^{\mathrm{T}} \boldsymbol{\Gamma} \quad (2-4)$$

$$\boldsymbol{\Gamma} = \boldsymbol{\Gamma}_Z \boldsymbol{N} \quad (2-5)$$

$$\boldsymbol{K}_Z = \boldsymbol{\Gamma}_Z^{\mathrm{T}} \boldsymbol{\Gamma}_Z \quad (2-6)$$

$$\boldsymbol{K}_Z \in \boldsymbol{L}^{\mathrm{rank}(\boldsymbol{K}) \times \mathrm{rank}(\boldsymbol{K})} \quad (2-7)$$

$$\boldsymbol{N} = [n_{ij}] \quad n_{ij} \in \{0, 1\} \quad (2-8)$$

$$\boldsymbol{G} = \boldsymbol{N}\boldsymbol{\Phi}(t_f, t)\boldsymbol{B} \quad (2-9)$$

定义

$$\boldsymbol{\Lambda}(t_f - t) = -\boldsymbol{L}^{-1}[\boldsymbol{\Gamma}_Z\boldsymbol{G}]^{\mathrm{T}}\left\{\boldsymbol{I} + \int_t^{t_f}[\boldsymbol{\Gamma}_Z\boldsymbol{G}]\boldsymbol{L}^{-1}[\boldsymbol{\Gamma}_Z\boldsymbol{G}]^{\mathrm{T}}\mathrm{d}\tau\right\}^{-1}\boldsymbol{\Gamma}_Z$$

$$\text{(2-10)}$$

$$\mathbf{ZEM} = \boldsymbol{N}\boldsymbol{\Phi}(t_f, t)\boldsymbol{x}(t) - \boldsymbol{N}\boldsymbol{x}_f \qquad \text{(2-11)}$$

式中:$\boldsymbol{\Phi}(t_f, t)$ 为状态转移矩阵;$\mathbf{ZEM}$ 为零控脱靶量(如果从当前时刻开始直到终端时刻,作用在导弹上的机动指令为零,而目标按照其已知的期望的机动方式进行机动,最终所产生的脱靶量);矩阵 $\boldsymbol{N}$ 与零控脱靶量有关,用于选择计算终端状态的状态变量。

由式(2-10)和式(2-11),式(2-3)可以简化为

$$\boldsymbol{a} = \boldsymbol{u}(t) = \boldsymbol{\Lambda}(t_f - t) \cdot \mathbf{ZEM} \qquad \text{(2-12)}$$

求解得到的 $\boldsymbol{a}$ 即为多约束最优末制导律。

2.2 二维平面内末端多约束最优末制导律设计

2.2.1 二维弹目相对运动模型的建立

图 2-1 所示为导弹在俯仰平面内的末制导示意图。将导弹和目标都看成是俯仰平面内的质点,目标是静止的,攻击过程中导弹飞行速度恒定,法向加速度垂直于导弹的速度方向。

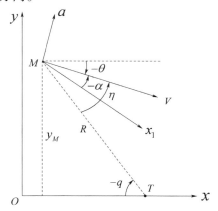

图 2-1   俯仰平面内末制导几何关系图

图 2-1 中:x 轴为导弹在末制导段初始位置时的弹目连线;y 轴垂直于初始弹目连线;MT 是当前时刻的弹目连线;V 为导弹的飞行速度;θ 为弹道倾角;q 为弹目视线角;η 为前置角;α 为攻角;R 为弹目距离;y_M 为导弹相对于初始弹目连

线的距离。

在图 2 - 1 所示的末制导坐标系中,假设末制导时间很短,并且相对于撞击航线的初始航向误差很小,因此 q 可看作小角度,可利用小角度假设建立弹目相对运动模型。

定义状态变量为

$$y = y_M \qquad \dot{y} = \dot{y}_M \qquad\qquad (2 - 13)$$

导弹法向加速度垂直于速度方向,可以表示为

$$a = V\dot{\theta} \qquad\qquad (2 - 14)$$

导弹在飞行过程中受到的升力 Y 可以表示为

$$Y = \frac{1}{2}\rho V^2 C_y^\alpha \alpha S = m_d \alpha \qquad\qquad (2 - 15)$$

式中:ρ 为导弹所处几何高度的大气密度;C_y^α 为升力曲线斜率;S 为导弹特征面积;m_d 为导弹质量。

由式(2 - 15)可得

$$\alpha = \frac{2m_d a}{\rho V^2 C_y^\alpha S} \qquad\qquad (2 - 16)$$

由式(2 - 16)可知,只要保证在末端攻击时刻导弹受到的法向加速度为零,就可以认为导弹的末端攻角为零。据此,可将对末端攻角约束的问题转化为对末端法向加速度约束的问题。

假设弹体动态特性可近似等效为一阶惯性环节,则有

$$a(s) = \frac{1}{1 + \tau s} a_c(s) \qquad\qquad (2 - 17)$$

式中:τ 为惯性时间常数;a_c 为作用于导弹的法向加速度指令;a 为作用于导弹的实际法向加速度。

对式(2 - 17)进行拉普拉斯反变换,得

$$\dot{a}(t) = \frac{1}{\tau}(a_c(t) - a(t)) \qquad\qquad (2 - 18)$$

由图 2 - 1 所示的几何关系可知

$$R = \frac{y}{\sin(-q)} \qquad\qquad (2 - 19)$$

当弹目视线角 q 较小时,有 $\sin q \approx q$,则式(2 - 19)可近似为

$$R = \frac{y}{-q} \tag{2-20}$$

导弹的剩余飞行时间(剩余时间)t_{go}定义为

$$t_{go} = t_f - t \tag{2-21}$$

式中:t_f为导弹飞行结束时间;t为当前时间。

在前述假设下,剩余时间的估计可近似取为

$$t_{go} = \frac{R}{V} \tag{2-22}$$

为了同时满足落点、落角和末端攻角的要求,取末端约束条件为

$$\begin{cases} y(t_f) = 0 \\ a(t_f) = 0 \\ \theta(t_f) = \theta_f \end{cases} \tag{2-23}$$

式中:θ_f为终端时刻期望的落角(给定常数)。

选取状态变量为 $\boldsymbol{x} = \begin{bmatrix} y & \dot{y} & a & \theta - \theta_f \end{bmatrix}^T$,以 $u = a_c$ 为控制量,由式(2-13)、式(2-14)和式(2-18),可得系统的状态方程为

$$\dot{x} = \boldsymbol{A}x + \boldsymbol{B}u \tag{2-24}$$

$$\boldsymbol{A} = \begin{pmatrix} 0 & 1 & 0 & 0 \\ 0 & 0 & 1 & 0 \\ 0 & 0 & -\dfrac{1}{\tau} & 0 \\ 0 & 0 & \dfrac{1}{V} & 0 \end{pmatrix} \quad \boldsymbol{B} = \begin{pmatrix} 0 \\ 0 \\ \dfrac{1}{\tau} \\ 0 \end{pmatrix}$$

$$\boldsymbol{x}(t_f) = \begin{bmatrix} y(t_f) & \dot{y}(t_f) & a(t_f) & \theta(t_f) - \theta_f \end{bmatrix}^T = \begin{bmatrix} 0 & \dot{y}(t_f) & 0 & 0 \end{bmatrix}^T$$

2.2.2 二维平面最优末制导律设计

按照2.1节的最优末制导律的计算方法,加权矩阵 $\boldsymbol{K}$ 和 $\boldsymbol{L}$ 分别取为

$$\boldsymbol{K} = \begin{pmatrix} k_y & 0 & 0 & 0 \\ 0 & 0 & 0 & 0 \\ 0 & 0 & k_a & 0 \\ 0 & 0 & 0 & k_\theta \end{pmatrix} \tag{2-25}$$

式中:k_y,k_a,k_θ 分别为加权系数。

$$L = I \tag{2-26}$$

根据式(2-4)~式(2-9)以及 K 和 L 的取值,得

$$\boldsymbol{\Gamma}^{\mathrm{T}}\boldsymbol{\Gamma} = \mathrm{diag}(k_y \quad 0 \quad k_a \quad k_\theta) \tag{2-27}$$

$$\boldsymbol{\Gamma} = \begin{bmatrix} \sqrt{k_y} & 0 & 0 & 0 \\ 0 & 0 & \sqrt{k_a} & 0 \\ 0 & 0 & 0 & \sqrt{k_\theta} \end{bmatrix} = \boldsymbol{\Gamma}_Z \boldsymbol{N} \tag{2-28}$$

$$\boldsymbol{N} = \begin{pmatrix} 1 & 0 & 0 & 0 \\ 0 & 0 & 1 & 0 \\ 0 & 0 & 0 & 1 \end{pmatrix} \tag{2-29}$$

$$\boldsymbol{\Gamma}_Z = \begin{pmatrix} \sqrt{k_y} & 0 & 0 \\ 0 & \sqrt{k_a} & 0 \\ 0 & 0 & \sqrt{k_\theta} \end{pmatrix} \tag{2-30}$$

系统(2-24)的状态转移矩阵为

$$\boldsymbol{\Phi}(t_f,t) = \begin{pmatrix} 1 & t_{\mathrm{go}} & \tau^2 k + \tau t_{\mathrm{go}} & 0 \\ 0 & 1 & k\tau & 0 \\ 0 & 0 & k+1 & 0 \\ 0 & 0 & -\dfrac{\tau}{V}k & 1 \end{pmatrix} \tag{2-31}$$

式中: $k = \exp\left(-\dfrac{t_{\mathrm{go}}}{\tau}\right) - 1$,后续章节中 k 的意义与此相同。

由式(2-9)、式(2-24)和式(2-31),得

$$\boldsymbol{G} = \boldsymbol{N}\boldsymbol{\Phi}(t_f,t)\boldsymbol{B} = \begin{pmatrix} \tau k + t_{\mathrm{go}} \\ \dfrac{k+1}{\tau} \\ -\dfrac{k}{V} \end{pmatrix} \triangleq \begin{pmatrix} \phi_1 \\ \phi_2 \\ \phi_3 \end{pmatrix} \tag{2-32}$$

$$\phi_1 = \tau k + t_{\mathrm{go}} \quad \phi_2 = \frac{k+1}{\tau} \quad \phi_3 = -\frac{k}{V}$$

实际上,如果不利用已经求出的系统的状态转移矩阵 $\boldsymbol{\Phi}(t_f,t)$,即式(2-31),由式(2-9)及其所表示的物理意义以及式(2-17)也可求得 $\boldsymbol{G}$,即

$$\boldsymbol{G} = \boldsymbol{N}\boldsymbol{\Phi}(t_f,t)\boldsymbol{B} = \begin{pmatrix} \mathcal{L}^{-1}\left\{\dfrac{y(s)}{a_c(s)}\right\}_{t_f-t} \\[2mm] \mathcal{L}^{-1}\left\{\dfrac{a(s)}{a_c(s)}\right\}_{t_f-t} \\[2mm] \mathcal{L}^{-1}\left\{\dfrac{(\theta-\theta_f)(s)}{a_c(s)}\right\}_{t_f-t} \end{pmatrix} = \begin{pmatrix} \mathcal{L}^{-1}\left\{\dfrac{1}{s^2}\dfrac{a(s)}{a_c(s)}\right\}_{t_f-t} \\[2mm] \mathcal{L}^{-1}\left\{\dfrac{a(s)}{a_c(s)}\right\}_{t_f-t} \\[2mm] \mathcal{L}^{-1}\left\{\dfrac{1}{Vs}\dfrac{a(s)}{a_c(s)}\right\}_{t_f-t} \end{pmatrix} \triangleq \begin{pmatrix} \phi_1 \\ \phi_2 \\ \phi_3 \end{pmatrix}$$

式中：t_f-t 为取反拉普拉斯变换 $\mathcal{L}^{-1}$ 后时间函数中的时间变量。而

$$\phi_1 = \mathcal{L}^{-1}\left\{\frac{1}{s^2}\frac{a(s)}{a_c(s)}\right\}_{t_f-t} = \mathcal{L}^{-1}\left\{\frac{1}{s^2(\tau s+1)}\right\}_{t_f-t} = \tau k + t_{go}$$

$$\phi_2 = \mathcal{L}^{-1}\left\{\frac{a(s)}{a_c(s)}\right\}_{t_f-t} = \mathcal{L}^{-1}\left\{\frac{1}{\tau s+1}\right\}_{t_f-t} = \frac{k+1}{\tau}$$

$$\phi_3 = \mathcal{L}^{-1}\left\{\frac{1}{Vs}\frac{a(s)}{a_c(s)}\right\}_{t_f-t} = \mathcal{L}^{-1}\left\{\frac{1}{Vs(\tau s+1)}\right\}_{t_f-t} = -\frac{k}{V}$$

可见，这里的计算结果与式(2-32)中的计算结果是相同的。

由式(2-30)和式(2-32)，得

$$\boldsymbol{\Gamma_z}\boldsymbol{G} = \left(\sqrt{k_y}\phi_1 \quad \sqrt{k_a}\phi_2 \quad \sqrt{k_\theta}\phi_3\right)^{\mathrm{T}} \tag{2-33}$$

由式(2-10)和式(2-33)，得

$$\boldsymbol{\Lambda}(t_f-t) = -\begin{pmatrix}\phi_1\sqrt{k_y}\\ \phi_2\sqrt{k_a}\\ \phi_3\sqrt{k_\theta}\end{pmatrix}^{\mathrm{T}}\begin{pmatrix} 1+\varphi_{11}k_y & \varphi_{12}\sqrt{k_yk_a} & \varphi_{13}\sqrt{k_yk_\theta} \\ \varphi_{21}\sqrt{k_yk_a} & 1+\varphi_{22}k_a & \varphi_{23}\sqrt{k_\theta k_a} \\ \varphi_{13}\sqrt{k_yk_\theta} & \varphi_{23}\sqrt{k_\theta k_a} & 1+\varphi_{33}k_\theta \end{pmatrix}^{-1}\begin{pmatrix} \sqrt{k_y} & 0 & 0 \\ 0 & \sqrt{k_a} & 0 \\ 0 & 0 & \sqrt{k_\theta} \end{pmatrix}$$

$$\tag{2-34}$$

$$\varphi_{11} = \int_t^{t_f}\phi_1^2\mathrm{d}t' = \int_t^{t_f}\left(\tau\mathrm{e}^{-\frac{t'_{go}}{\tau}}+t'_{go}-\tau\right)^2\mathrm{d}t'$$

$$= -\frac{\tau^3}{2}k^2 - (2\tau^3-2\tau^2t_{go})k + \frac{1}{3}t_{go}^3 - \frac{1}{2}\tau t_{go}^2 + 2\tau^2 t_{go} - \tau^3 + \tau^3 t_{go}$$

$$\varphi_{22} = \int_t^{t_f}\phi_2^2\mathrm{d}t' = \int_t^{t_f}\left(\frac{1}{\tau}\mathrm{e}^{-\frac{t'_{go}}{\tau}}\right)^2\mathrm{d}t' = \frac{-k^2-2k}{2\tau}$$

$$\varphi_{33} = \int_t^{t_f}\phi_3^2\mathrm{d}t' = \int_t^{t_f}\left[\frac{1}{V}\left(1-\mathrm{e}^{-\frac{t'_{go}}{\tau}}\right)\right]^2\mathrm{d}t' = \frac{2t_{go}-\tau k(k-2)}{2V^2}$$

$$\varphi_{12} = \varphi_{21} = \int_t^{t_f}\phi_1\phi_2\mathrm{d}t' = \int_t^{t_f}\left(\tau\mathrm{e}^{-\frac{t'_{go}}{\tau}}+t'_{go}-\tau\right)\left(\frac{1}{\tau}\mathrm{e}^{-\frac{t'_{go}}{\tau}}\right)\mathrm{d}t'$$

$$= -\frac{\tau}{2}k^2 - (\tau-t_{go})k + 3\tau + t_{go}$$

$$\varphi_{13} = \varphi_{31} = \int_t^{t_f} \phi_1 \phi_3 \, \mathrm{d}t' = \int_t^{t_f} \left(\tau \mathrm{e}^{-\frac{t'_{go}}{\tau}} + t'_{go} - \tau \right) \left(\frac{1}{V} \left(1 - \mathrm{e}^{-\frac{t'_{go}}{\tau}} \right) \right) \mathrm{d}t'$$

$$= \frac{1}{V} \left[\frac{\tau^2}{2}(k+5)2 + \tau k + \frac{1}{2} t_{go}^2 - \frac{9}{2} \tau^2 \right]$$

$$\varphi_{23} = \varphi_{32} = \int_t^{t_f} \phi_3 \phi_2 \, \mathrm{d}t' = \int_t^{t_f} \left(\frac{1}{\tau} \mathrm{e}^{-\frac{t'_{go}}{\tau}} \right) \left(\frac{1}{V} \left(1 - \mathrm{e}^{-\frac{t'_{go}}{\tau}} \right) \right) \mathrm{d}t' = \frac{k^2}{2V}$$

$$t'_{go} = t_f - t'$$

由式(2-11)、式(2-29)和式(2-31),得

$$\mathbf{ZEM} = \begin{pmatrix} y + \dot{y} t_{go} + a(\tau^2 k + \tau t_{go}) \\ a(k+1) \\ -\dfrac{\tau}{V} ka + \theta - \theta_f \end{pmatrix} \tag{2-35}$$

根据式(2-12)、式(2-34)和式(2-35)可得,在考虑一般加权(同时考虑"脱靶量"最小和能量最优)的条件下,多约束最优末制导律的通解为

$$a_c = - \begin{pmatrix} \phi_1 \sqrt{k_y} \\ \phi_2 \sqrt{k_a} \\ \phi_3 \sqrt{k_\theta} \end{pmatrix}^{\mathrm{T}} \begin{pmatrix} 1 + \varphi_{11} k_y & \varphi_{12} \sqrt{k_y k_a} & \varphi_{13} \sqrt{k_y k_\theta} \\ \varphi_{21} \sqrt{k_y k_a} & 1 + \varphi_{22} k_a & \varphi_{23} \sqrt{k_\theta k_a} \\ \varphi_{13} \sqrt{k_y k_\theta} & \varphi_{23} \sqrt{k_\theta k_a} & 1 + \varphi_{33} k_\theta \end{pmatrix}^{-1} \times$$

$$\begin{pmatrix} \sqrt{k_y} & 0 & 0 \\ 0 & \sqrt{k_a} & 0 \\ 0 & 0 & \sqrt{k_\theta} \end{pmatrix} \begin{pmatrix} y + \dot{y} t_{go} + a(\tau^2 k + \tau t_{go}) \\ a(k+1) \\ -\dfrac{\tau}{V} ka + \theta - \theta_f \end{pmatrix} \tag{2-36}$$

为了便于工程实现,下面进一步考虑终端的约束条件,实现带落角和末端攻角的约束,而不考虑能量最优。因此,令加权矩阵 K 中的加权系数 $k_y \to \infty$, $k_a \to \infty$, $k_\theta \to \infty$,即可得到带落角和末端攻角约束的最优末制导律为

$$a_c = \psi_1 (y + \dot{y} t_{go}) + \psi_2 a + \psi_3 (\theta - \theta_f) \tag{2-37}$$

$$\psi_1 = \frac{\phi_1 \varphi_{22} \varphi_{33} - \phi_1 \varphi_{23} \varphi_{23} - \phi_2 \varphi_{21} \varphi_{33} + \phi_2 \varphi_{13} \varphi_{23} + \phi_3 \varphi_{21} \varphi_{23} - \phi_3 \varphi_{13} \varphi_{22}}{\varphi_{11} \varphi_{22} \varphi_{33} + 2 \varphi_{21} \varphi_{23} \varphi_{13} - \varphi_{13}^2 \varphi_{12} - \varphi_{23}^2 \varphi_{11} - \varphi_{12}^2 \varphi_{33}}$$

$$\psi_2 = \left(\frac{\phi_1 \varphi_{12} \varphi_{33} + \phi_1 \varphi_{23} \varphi_{13} + \phi_2 \varphi_{11} \varphi_{33} - \phi_2 \varphi_{13} \varphi_{13} - \phi_3 \varphi_{23} \varphi_{11} + \phi_3 \varphi_{12} \varphi_{13}}{\varphi_{11} \varphi_{22} \varphi_{33} + 2 \varphi_{21} \varphi_{23} \varphi_{13} - \varphi_{13}^2 \varphi_{12} - \varphi_{23}^2 \varphi_{11} - \varphi_{12}^2 \varphi_{33}} \right) \cdot$$

$$(k+1) + (\tau^2 k + \tau t_{go}) \psi_1 - \frac{\tau}{V} k \psi_3$$

$$\psi_3 = \frac{\phi_1\varphi_{12}\varphi_{23} - \phi_1\varphi_{13}\varphi_{22} - \phi_2\varphi_{23}\varphi_{11} + \phi_2\varphi_{12}\varphi_{13} + \phi_3\varphi_{11}\varphi_{22} - \phi_3\varphi_{12}\varphi_{12}}{\varphi_{11}\varphi_{22}\varphi_{33} + 2\varphi_{21}\varphi_{23}\varphi_{13} - \varphi_{13}^2\varphi_{12} - \varphi_{23}^2\varphi_{11} - \varphi_{12}^2\varphi_{33}}$$

如果代表弹体动态特性的惯性时间常数较小或者导弹飞行时间远大于代表弹体动态特性的惯性时间常数,则可以忽略弹体动态特性对制导系统性能的影响。因此,进一步令式(2-37)中的 $\tau \to 0$,可推导出在弹体动态为零阶无延迟(相当于不考虑弹体动态的影响)情况下,带落角和末端攻角约束的末制导律为

$$a'_c = a_c \big|_{\tau \to 0} = -\frac{12}{t_{go}^2}(y + \dot{y}t_{go}) + \frac{6V}{t_{go}}(\theta - \theta_f) \qquad (2-38)$$

式中: a'_c 为在弹体动态为零阶无延迟情况下的制导指令。

由式(2-20)和式(2-22),得

$$y = -Vqt_{go} \qquad (2-39)$$

对式(2-39)关于时间 t 求导,得

$$\dot{y} = -V\dot{q}t_{go} + Vq \qquad (2-40)$$

由式(2-39)和式(2-40),得

$$\dot{q} = -\frac{y + \dot{y}t_{go}}{Vt_{go}^2} \qquad (2-41)$$

由式(2-38)和式(2-41),得

$$a'_c = 12V\dot{q} + \frac{6V}{t_{go}}(\theta - \theta_f) \qquad (2-42)$$

末制导律(2-42)由比例导引项和角度约束项组成。比例导引项用来保证导弹准确击中目标、并且末端攻角为零;角度约束项主要用来调整导弹在飞行过程中的姿态,保证落角满足设计要求。该末制导律结构简单,只需通过弹上设备实时提供导弹飞行速度 V、弹目视线角速率 $\dot{q}$ 和弹道倾角 θ 即可工程实现。

需要说明的是,上面在推导多约束最优末制导律时,图2-1中所采用的坐标系 xOy 并非通常在弹道仿真中为描述导弹的飞行轨迹所采用的地面系(该系一般也用 xOy 表示),但由于地面系与图2-1中的 xOy 系只差一个固定的旋转角度,因此视线角速率 $\dot{q}$ 在这两个系中是相等的。而弹道倾角 θ 及 θ_f 虽然在这两个系中由于参考轴不同而不同,但 $\theta - \theta_f$ 在这两个系中却是相等的,因此在地面系 xOy 中表示的多约束最优末制导律不变,仍为式(2-42)。另外,多约束最优末制导律式(2-42)没有考虑重力补偿。当考虑重力补偿时,俯仰平面内的多约束最优末制导律需要修改为

$$a'_c = 12V\dot{q} + \frac{6V}{t_{go}}(\theta - \theta_f) + g\cos\theta$$

2.2.3 仿真研究

为了比较导弹在不同惯性时间常数下的末制导性能,对一阶惯性环节条件下的多约束末制导律式(2 - 37)进行了仿真。假设导弹初始位置为(0m, 4000m),初始弹道倾角 $\theta = 0°$,导弹飞行速度 $V = 500\text{m/s}$,目标位置为(2500m, 0m),期望的落角 $\theta_f = -90°$,期望的末端攻角 $\alpha_f = 0°$。导弹的惯性时间常数 τ 分别取为0、0.2和0.4,仿真结果如图2 -2所示。

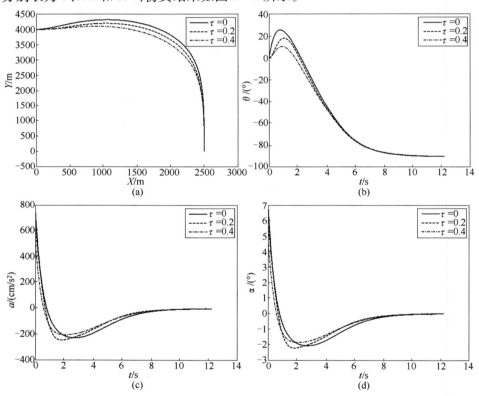

图2 - 2　不同惯性时间常数下的仿真结果
(a)导弹飞行轨迹;(b)弹道倾角;(c)加速度指令;(d)攻角。

由图2 -2(a)可以看出,导弹攻击到目标时刻的坐标位置为(2499.3m, 0m),误差为0.7m;图2 -2(b)表明导弹末端攻击角度为 -90.2°,基本满足要求的攻击角度;图2 -2(d)表明导弹能够满足末端攻角为零的要求。在惯性时间常数 τ 取值不太大的情况下,对上面给出的惯性时间常数的三种不同取值,制导效果相差不大,但 τ 越大,滞后现象越明显。图 2 - 2(c)表明:导弹在制导前期的加速度较大,导弹采用大过载实现快速机动,使导弹在较短时间内基本实现攻击所要求的状态;在 8 ~ 10s 之间导弹的落角和攻角就已经基本满足所需的攻击指标,如图 2 - 2(b)和图 2 - 2(d)所示;在攻击末端弹道趋于直线,导弹的法向过载趋于零。

　　为了验证弹体动态在零阶无延迟条件下的多约束最优末制导律对不同高度的适应性,下面针对不同高度条件进行仿真。假设导弹初始位置分别为(0m,4000m),(0m,5000m),(0m,6000m),(0m,7000m),目标位置为(4000m,0m),初始弹道倾角 $\theta = 0°$,飞行速度 $V = 500 \text{m/s}$,期望的落角 $\theta_f = -90°$,期望的末端攻角 $\alpha_f = 0°$,则仿真结果如图 2 - 3 所示。

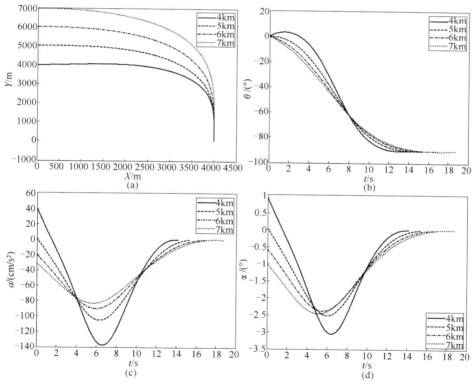

图 2 - 3　不同高度条件的仿真结果
(a) 导弹飞行轨迹;(b) 弹道倾角;(c) 法向加速度指令;(d) 攻角。

　　图 2 - 3 表明,在四种不同的高度条件下,采用多约束最优末制导律,均能够准确击中目标并且满足期望的落角和攻角要求。

2.3　本　章　小　结

本章讨论了末端多约束条件下的最优末制导律设计问题,内容包括二维平面弹目相对运动模型的建立及最优末制导律的设计。在建立状态方程时,考虑到导弹攻角不容易观测的实际情况,将末端攻角约束问题转化成末端法向加速度约束问题。利用最优控制理论推导出了在考虑弹体动态为一阶惯性环节情况下的多约束最优末制导律。为便于工程实现,通过对上述结果进行简化处理,得到了考虑弹体动态为零阶无延迟情况下的多约束最优末制导律。仿真结果表明了该最优末制导律的适应性。

第3章　带落角约束针对静止目标的一般加权最优末制导律

近年来,基于最优控制、非线性控制的制导律研究受到了很多关注,这些制导律能够在击中目标的同时满足特定的性能指标,例如控制能量最优、最小时间到达等问题。另外一个热点是以特定的落角来打击目标,例如,对于反舰、反坦克导弹来说,落角控制能够使导弹以期望的落角攻击目标的薄弱部位,提升导弹的毁伤效果。文献[78]将制导律设为剩余时间多项式的形式,求解了满足落角和加速度约束的制导律。文献[149]研究了目标机动下的攻击角度约束滑模导引律设计问题,并且考虑了导弹自动驾驶仪动态延迟情况。文献[150]同时考虑了攻击角度和攻击时间控制问题。

最优控制理论在带落角控制的制导律设计中广泛应用,原因是基于最优控制理论设计的制导律,不仅能够满足终端约束条件和特定的性能指标,还能得到解析的、状态反馈形式的制导律。在应用最优控制理论设计带有落角约束的制导律时,控制能量被广泛用作性能函数[151,152],制导目的不同,选择的性能函数也不同。同一类型的制导律,选取不同的加权函数,对制导性能有很大的影响。文献[33,34]以剩余时间的函数为权函数研究了带落角约束的制导律,其中:文献[33]通过线性二次型最优控制理论求解了满足落角约束的最优制导律,通过引入剩余时间权函数使制导指令在末端趋向于零;文献[34]通过最小值原理求解了一种适合于打击空中目标和地面目标的广义矢量显式制导律,能够使导弹以一定的攻击角度攻击目标。文献[153]以剩余航程的函数为权函数研究了基于比例导引律下的最优制导律。但是,由于以剩余时间和剩余航程的函数为权函数得到的最优制导律,随着剩余时间和剩余航程趋于零制导指令总是趋于零,因此如果在导引末段存在风等外界干扰,则该类型制导律难以抵抗。文献[154,155]研究了以指数函数作为加权函数的制导律。文献[154]针对机动目标和导弹加速度指令有界的情况,提出了指数结构形式的制导律。文献[155]认为,在打击空中目标时,由于空气密度与高度近似成指数关系,导弹的转弯能力随着高度的变化而变化,通过引入指数权函数能够使导弹制导指令的分布更加符合实际情况。

加权函数能够改变导弹的飞行轨迹和制导命令分布。本章针对带有落角约束的任意函数加权最优制导问题,应用 *Schwarz* 不等式求解了最优末制导律的一般表达式。首先,求解了控制系统为一阶惯性环节情况下任意函数加权最优末制导律的一般表达式;然后,将上述结果进行简化,进一步得到了无惯性环节情况下任意函数加权最优末制导律的一般表达式,给出了能够求出解析形式末制导律的加权函数可行集合;最后,选取三种不同的加权函数来验证本章给出的一般形式的末制导律,并且给出了指数权函数下最优末制导律在满足落角情况和存在常值风干扰情况下的仿真结果。

3.1　制　导　模　型

3.1.1　弹目相对运动方程

在弹目相对运动建模过程中,为了简化建模问题,假设目标为固定目标,以飞行器运动学模型为基础,以飞行器质心为基准。图 3 – 1 所示为导弹末制导段二维几何关系图。

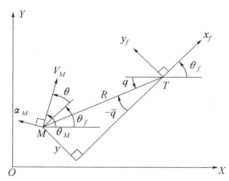

图 3 – 1　末制导几何关系图

图 3 – 1 中:(X,Y) 为惯性坐标系;(x_f,y_f) 为落角坐标系,即以要求的落角方向为 x_f 轴建立起来的坐标系。由此可知,落角坐标系是由惯性坐标系顺时针转过期望的落角 θ_f 得的的;下标"M"和"T"分别表示导弹和目标;R 和 V_M 分别为弹目距离和导弹速度;a_M 为垂直于速度方向的法向加速度;导弹的弹道倾角和视线角分别为 θ_M 和 q;θ 为落角误差,也表示在落角坐标系下导弹的弹道倾角。由图 3 – 1 中几何关系可以得到 θ 和 $\bar{q}$ 的表达式为

$$\theta = \theta_M - \theta_f \quad \bar{q} = q - \theta_f \qquad (3-1)$$

当考虑控制系统为一阶惯性环节时,结合图 3 – 1 可得坐标系 (x_f,y_f) 的导引运动关系方程为

$$\begin{cases} \dot{y}(t) = v(t) = V_M \sin\theta(t) & (y(0) = y_0) \\ \dot{\theta}(t) = \dfrac{a_M(t)}{V_M} & (\theta(0) = \theta_0) \\ \dot{a}_M(t) = \dfrac{1}{T}[u(t) - a_M(t)] & (a_M(0) = 0) \end{cases} \qquad (3-2)$$

式中:y 为落角坐标系下的法向脱靶量;v 为 y_f 轴方向上的速度;$u(t)$ 为制导指令;T 为动力学系统时间常数。

假设导弹的速度 V_M 为常值,θ 为落角坐标系下的小角度,则式(3-2)可线性化为

$$\begin{cases} \dot{y}(t) = v(t) = V_M \theta(t) \\ \dot{v}(t) = a_M(t) \\ \dot{a}_M(t) = \dfrac{1}{T}[u(t) - a_M(t)] \end{cases} \qquad (3-3)$$

假设 $\bar{q}$ 为小角度,由图 3-1 得

$$\bar{q} = -\frac{y}{R} = -\frac{y}{V_M t_{go}} \qquad (3-4)$$

由式(3-1)~式(3-3),得

$$v = V_M(\theta_M - \theta_f) \qquad y = V_M t_{go}(\theta_f - q) \qquad (3-5)$$

3.1.2 制导模型的状态方程描述

令

$$\boldsymbol{x} \triangleq \begin{bmatrix} y & v & a_M \end{bmatrix}^T \quad \boldsymbol{x}_0 = \begin{bmatrix} y_0 & v_0 & 0 \end{bmatrix}^T$$

那么,运动方程式(3-3)就可以表示成以下状态方程的形式,即

$$\dot{\boldsymbol{x}} = \boldsymbol{F}\boldsymbol{x} + \boldsymbol{G}u \quad \boldsymbol{x}(0) = \boldsymbol{x}_0 \qquad (3-6)$$

$$\boldsymbol{F} \triangleq \begin{bmatrix} 0 & 1 & 0 \\ 0 & 0 & 1 \\ 0 & 0 & -\dfrac{1}{T} \end{bmatrix} \quad \boldsymbol{G} \triangleq \begin{bmatrix} 0 \\ 0 \\ \dfrac{1}{T} \end{bmatrix}$$

由图 3-1 的几何关系可知,要满足终端的零脱靶量和落角要求,即满足 $y(t_f) = v(t_f) = 0$,也就是 $x_1(t_f) = x_2(t_f) = 0$。

在满足上述条件时,考虑以下最优控制问题,寻找 $u(t)$ 使得以一般函数 $W(t)$ 为加权函数的控制能量最小,即

$$\min_u J = \frac{1}{2} \int_{t_0}^{t_f} W(\tau) u^2(\tau) \mathrm{d}\tau \quad W(\tau) > 0 \quad \tau \in [t_0, t_f] \tag{3-7}$$

3.2　考虑控制系统为一阶惯性环节时的最优末制导律

应用文献[156]中的 Schwarz 不等式方法来解决 3.1 节描述的最优控制问题。由线性控制理论可以求出式(3-6)的通解为

$$\boldsymbol{x}(t_f) = \boldsymbol{\Phi}(t_f - t) \boldsymbol{x}(t) + \int_t^{t_f} \boldsymbol{\Phi}(t_f - \tau) \boldsymbol{G}(\tau) u(\tau) \mathrm{d}\tau \tag{3-8}$$

式中:$\boldsymbol{\Phi}(t_f - t)$ 表示状态转移矩阵,可以通过求解 $\boldsymbol{\Phi}(t) = L^{-1}[(s\boldsymbol{I} - \boldsymbol{F})^{-1}]$ 得到,即

$$\boldsymbol{\Phi}(t) = \begin{bmatrix} 1 & t & Tt - T^2 + T^2 \mathrm{e}^{-t/T} \\ 0 & 1 & T(1 - \mathrm{e}^{-t/T}) \\ 0 & 0 & \mathrm{e}^{-t/T} \end{bmatrix}$$

把求解的状态转移矩阵代入状态方程的通解式(3-8)中,得

$$\begin{bmatrix} x_1(t_f) \\ x_2(t_f) \\ a_M(t_f) \end{bmatrix} = \begin{bmatrix} 1 & t_f - t & T(t_f - t) - T^2 + T^2 \mathrm{e}^{-(t_f - t)/T} \\ 0 & 1 & T(1 - \mathrm{e}^{-(t_f - t)/T}) \\ 0 & 0 & \mathrm{e}^{-(t_f - t)/T} \end{bmatrix} \begin{bmatrix} x_1(t) \\ x_2(t) \\ a_M(t) \end{bmatrix} +$$

$$\int_t^{t_f} \begin{bmatrix} 1 & t_f - \tau & T(t_f - \tau) - T^2 + T^2 \mathrm{e}^{-(t_f - \tau)/T} \\ 0 & 1 & T(1 - \mathrm{e}^{-(t_f - \tau)/T}) \\ 0 & 0 & \mathrm{e}^{-(t_f - \tau)/T} \end{bmatrix} \begin{bmatrix} 0 \\ 0 \\ \frac{1}{T} \end{bmatrix} u(\tau) \mathrm{d}\tau$$

将上述矩阵化简可以得到三个方程,由于这里只需要控制导弹在末端时刻的相对位置以及在落角坐标系下的纵轴速度,所以由式(3-8)可得状态变量 x_1, x_2 在终端时刻的表达式为

$$\begin{cases} x_1(t_f) = g_1 - \int_t^{t_f} h_1(\tau) u(\tau) \mathrm{d}\tau \\ x_2(t_f) = g_2 - \int_t^{t_f} h_2(\tau) u(\tau) \mathrm{d}\tau \end{cases} \tag{3-9}$$

$$\begin{cases} g_1 \triangleq x_1(t) + (t_f - t)x_2(t) + TA(t)a_M \\ h_1(\tau) \triangleq -A(\tau) \\ g_2 \triangleq x_2(t) + TB(t)a_M \quad h_2(\tau) \triangleq -B(\tau) \\ A(t) \triangleq (t_f - t) - T + Te^{-(t_f-t)/T} \quad B(t) \triangleq 1 - e^{-(t_f-t)/T} \end{cases} \quad (3-10)$$

由已知条件可知,要使导弹在终端的脱靶量为零,并且满足要求的落角,也就是 $x_1(t_f) = x_2(t_f) = 0$,那么可将式(3-9)改写为

$$\begin{cases} g_1 = \int_t^{t_f} h_1(\tau)u(\tau)\mathrm{d}\tau \\ g_2 = \int_t^{t_f} h_2(\tau)u(\tau)\mathrm{d}\tau \end{cases} \quad (3-11)$$

引入一个新的变量 λ,将式(3-11)中的两个方程结合成以下形式,即

$$g_1 - \lambda g_2 = \int_t^{t_f} [h_1(\tau) - \lambda h_2(\tau)]u(\tau)\mathrm{d}\tau \quad (3-12)$$

对式(3-12)引入加权函数 $W(t) > 0$,得

$$g_1 - \lambda g_2 = \int_t^{t_f} [h_1(\tau) - \lambda h_2(\tau)]W^{-\frac{1}{2}}(\tau)W^{\frac{1}{2}}(\tau)u(\tau)\mathrm{d}\tau \quad (3-13)$$

那么对式(3-14)应用 Schwarz 不等式,得

$$\frac{(g_1 - \lambda g_2)^2}{2\int_t^{t_f} [h_1(\tau) - \lambda h_2(\tau)]^2 W^{-1}(\tau)\mathrm{d}\tau} \leqslant \frac{1}{2}\int_t^{t_f} W(\tau)u^2(\tau)\mathrm{d}\tau \quad (3-14)$$

观察式(3-14)会发现,不等式的右边正好是式(3-7)定义的最优控制问题的性能函数,当不等式取等号时,不等式左边的值就是性能函数的最小值。由 Schwarz 不等式取等号的条件,得

$$u(\tau) = k[h_1(\tau) - \lambda h_2(\tau)]W^{-1}(\tau) \quad (3-15)$$

式中:k 为待定常数。

将式(3-15)代入式(3-11)的第1个公式,得到 k 的表达式为

$$k = \frac{g_1}{\int_t^{t_f} h_1^2(\tau)W^{-1}(\tau)\mathrm{d}\tau - \lambda \int_t^{t_f} h_1(\tau)h_2(\tau)W^{-1}(\tau)\mathrm{d}\tau} \quad (3-16)$$

为了表达方便,定义以下简化符号为

$$\begin{cases} f_1 \triangleq \int_t^{t_f} h_1^2(\tau) W^{-1}(\tau) \mathrm{d}\tau \\[2mm] f_{12} \triangleq \int_t^{t_f} h_1(\tau) h_2(\tau) W^{-1}(\tau) \mathrm{d}\tau \\[2mm] f_2 \triangleq \int_t^{t_f} h_2^2(\tau) W^{-1}(\tau) \mathrm{d}\tau \end{cases} \qquad (3-17)$$

所以式(3-16)变为

$$k = \frac{g_1}{f_1 - \lambda f_{12}} \qquad (3-18)$$

将式(3-18)代入式(3-15),得

$$u(\tau) = \frac{g_1[h_1(\tau) - \lambda h_2(\tau)] W^{-1}(\tau)}{f_1 - \lambda f_{12}} \qquad (3-19)$$

由式(3-14)可得代价函数的最小值可以用简化符号表示成

$$J = \frac{(g_1 - \lambda g_2)^2}{2(f_1 - 2\lambda f_{12} + \lambda^2 f_2)} \qquad (3-20)$$

注意到式(3-20)中含有未定变量 λ,可以把 λ 当作函数 J 的一个自变量,通过变分的思想确定 λ 的值使得 J 取得最小。通过 $\mathrm{d}J/\mathrm{d}\lambda = 0$ 求出满足条件的 λ 值为

$$\lambda^* = \frac{g_1 f_{12} - g_2 f_1}{g_1 f_2 - g_2 f_{12}} \qquad (3-21)$$

将式(3-21)代入式(3-19)中,得到性能函数取得最优的加速度命令为

$$u^* = \frac{[g_1 h_1(\tau) f_2 - f_{12}(g_2 h_1(\tau) + g_1 h_2(\tau)) + g_2 h_2(\tau) f_1]}{W(\tau)(f_1 f_2 - f_{12}^2)} \qquad (3-22)$$

利用式(3-10),则式(3-17)可变成

$$\begin{cases} f_1 = \int_t^{t_f} A^2(\tau) W^{-1}(\tau) \mathrm{d}\tau \\[2mm] f_{12} = \int_t^{t_f} A(\tau) B(\tau) W^{-1}(\tau) \mathrm{d}\tau \\[2mm] f_2 = \int_t^{t_f} B^2(\tau) W^{-1}(\tau) \mathrm{d}\tau \end{cases} \qquad (3-23)$$

进一步定义 k_1, k_2, k_3 为

36

$$\begin{cases} k_1 = \left[\dfrac{A(t)f_2 - B(t)f_{12}}{f_1 f_2 - f_{12}^2} \right] W^{-1}(t) \\[3mm] k_2 = \left[\dfrac{A(t)(t_{go}f_2 - f_{12}) + B(t)(f_1 - t_{go}f_{12})}{f_1 f_2 - f_{12}^2} \right] W^{-1}(t) \\[3mm] k_3 = \left[\dfrac{A^2(t)f_2 - 2A(t)B(t)f_{12} + B^2(t)f_1}{f_1 f_2 - f_{12}^2} \right] T W^{-1}(t) \end{cases} \quad (3-24)$$

$$t_{go} = t_f - t$$

则式(3-22)可以进一步简化为

$$u^* = -k_1 y - k_2 v - k_3 a_M$$

所以,对于任意的加权函数,只要通过式(3-23)和式(3-24)能够求出解析形式的 k_1,k_2,k_3,即可得到控制系统为一阶惯性环节情况下,满足落角约束的最优末制导律的解析解。

式(3-24)成立的条件是 k_1,k_2,k_3 的分母不能为零,而分母不为零的条件可以有以下定理来保证。

定理3.1 当 $t_{go} > 0$ 时,选择任意满足式(3-7)的加权函数,以下不等式总是成立的,即

$$f_1 f_2 - f_{12}^2 > 0 \quad (3-25)$$

证明: 将式(3-23)中的第2式改写成为

$$f_{12} = \int_t^{t_f} A(\tau)B(\tau)W^{-1/2}(\tau)W^{-1/2}(\tau)\mathrm{d}\tau$$

对其进行 Schwarz 不等式变换,得

$$f_{12}^2 \leqslant \int_t^{t_f} A^2(\tau)W^{-1}(\tau)\mathrm{d}\tau \int_t^{t_f} B^2(\tau)W^{-1}(\tau)\mathrm{d}\tau = f_1 f_2$$

等号取得的条件是存在一个常数 K,使得 $A(\tau)W^{-1/2}(\tau) = KB(\tau)W^{-1/2}(\tau)$,代入 $A(\tau)$,$B(\tau)$,得

$$\left[(t_f - \tau) - T(1 - \mathrm{e}^{-(t_f - \tau)/T}) \right] = K(1 - \mathrm{e}^{-(t_f - \tau)/T})$$

显然不存在这样的常数 K,所以 $f_1 f_2 - f_{12}^2 > 0$。定理得证。

注: 由定理2.1可知,当 $t_{go} > 0$ 时本章得到的末制导律在末制导段不会出现奇异现象,但是导弹接近目标时是一个渐变过程,随着 t_{go} 逐步趋近于0,选择不同的权函数时 $f_1 f_2 - f_{12}^2$ 可能会逐步接近0,因此本章中取一个很小的正常数 δ,即 $f_1 f_2 - f_{12}^2 \leqslant \delta$。

3.3 不考虑控制系统惯性时的最优末制导律

当系统的反应滞后较小或者飞行时间相对时间常数较大时,可以忽略动力学系统时间常数[29]。令 $T \rightarrow 0$,则式(3-23)和式(3-24)分别变为

$$\begin{cases} f_1 = \displaystyle\int_t^{t_f} (t_f - \tau)^2 W^{-1}(\tau) \mathrm{d}\tau \\ f_{12} = \displaystyle\int_t^{t_f} (t_f - \tau) W^{-1}(\tau) \mathrm{d}\tau \\ f_2 = \displaystyle\int_t^{t_f} W^{-1}(\tau) \mathrm{d}\tau \end{cases} \qquad (3-26)$$

$$\begin{cases} k_1 = \left(\dfrac{t_{go} f_2 - f_{12}}{f_1 f_2 - f_{12}^2} \right) W^{-1}(t) \\ k_2 = \left(\dfrac{t_{go}^2 f_2 - 2 t_{go} f_{12} + f_1}{f_1 f_2 - f_{12}^2} \right) W^{-1}(t) \\ k_3 = 0 \end{cases} \qquad (3-27)$$

此时加速度制导指令为

$$a_M = u^* = -k_1 y - k_2 v \qquad (3-28)$$

式(3-26)~式(3-28)表示的是无惯性控制系统满足零脱靶量和落角约束的广义加权函数的最优加速度制导指令。对不同的加权函数,通过计算式(3-26)和式(3-27)并将结果代入式(3-28)中,可以得到基于状态反馈形式的最优末制导律。但是,对任意的 $W^{-1}(\tau)$,不一定能求出解析解。为了得到基于任意加权函数的最优末制导律的解析形式,必须要求加权函数满足一定的条件。

定理3.2 如果任意加权函数 $W(\tau)$ 满足式(3-7)中的条件,并且式(3-29)中 $W_i(\tau)(i=0,1,2)$ 的积分都有解析解,那么对于不考虑控制系统惯性情况下的基于任意加权函数的最优末制导律就有解析解,即

$$\begin{cases} W_0(\tau) = W^{-1}(\tau) \\ W_1(\tau) = \displaystyle\int W_0(\tau) \mathrm{d}\tau \\ W_2(\tau) = \displaystyle\int W_1(\tau) \mathrm{d}\tau \\ W_3(\tau) = \displaystyle\int W_2(\tau) \mathrm{d}\tau \end{cases} \qquad (3-29)$$

证明: 由式(3-26)可知,为了得到解析形式的末制导律,f_1, f_2, f_{12} 以及 $W^{-1}(\tau)$ 都必须是解析的形式。由假设条件可以通过分部积分法求出 f_1, f_2, f_{12} 为

$$\begin{cases} f_1 = -t_{go}^2 W_1(t) - 2t_{go} W_2(t) + 2(W_3(t_f) - W_3(t)) \\ f_{12} = -t_{go} W_1(t) + W_2(t_f) - W_2(t) \\ f_2 = W_1(t_f) - W_1(t) \end{cases} \tag{3-30}$$

因此,只要 $W_1(\tau)$,$W_2(\tau)$,$W_3(\tau)$ 有解析解,那么 f_1,f_2,f_{12} 就有解析解。定理得证。

当控制系统具有一阶惯性时,由式(3-23)可知,对于满足条件式(3-29)的具有初等函数形式的权函数,都可以求出解析形式的最优末制导律。

3.4 算 例 验 证

下面取 3 个特殊的加权函数,其逆分别为 $W^{-1}(t) = 1$、$W^{-1}(t) = (t_f - t)^N$ 和 $W^{-1}(t) = e^{N(t_f - t)}$ 来验证 3.3 节推导的结论,3 个加权函数都满足定理 3.2 中的条件。

3.4.1 权函数为 1 的情况

1. 考虑控制系统为一阶惯性环节时最优末制导律的解析解

由式(3-23)可得

$$\begin{cases} f_1 = \int_t^{t_f} A^2(\tau) d\tau = \frac{1}{3} t_{go}^3 - T t_{go}^2 + T^2 t_{go} - 2T^2 t_{go} e^{-t_{go}/T} - \frac{1}{2} T^3 e^{-2t_{go}/T} + \frac{1}{2} T^3 \\ f_{12} = \int_t^{t_f} A(\tau) B(\tau) d\tau = \frac{1}{2} t_{go}^2 - T t_{go} + T t_{go} e^{-t_{go}/T} - T^2 e^{-t_{go}/T} + \frac{1}{2} T^2 e^{-2t_{go}/T} + \frac{1}{2} T^2 \\ f_2 = \int_t^{t_f} B^2(\tau) d\tau = t_{go} + 2T e^{-t_{go}/T} - \frac{1}{2} T e^{-2t_{go}/T} - \frac{3}{2} T \end{cases}$$
$$\tag{3-31}$$

将式(3-31)代入式(3-24),化简得到控制系统为一阶惯性环节时最优末制导律为

$$u^* = \frac{A_1 y + (A_1 t_{go} + A_2) v + T(A_1 A(t) + A_2 B(t)) a_M(t)}{f_{12}^2 - f_1 f_2}$$
$$\begin{cases} A_1 = A(t) f_2 - B(t) f_{12} \\ A_2 = B(t) f_1 - A(t) f_{12} \end{cases} \tag{3-32}$$

2. 不考虑控制系统惯性时最优末制导律的解析解

由式(3-26)可得

$$\begin{cases} f_1 = \int_t^{t_f} (t_f - \tau)^2 d\tau = \frac{1}{3} t_{go}^3 \\ f_{12} = \int_t^{t_f} (t_f - \tau) d\tau = \frac{1}{2} t_{go}^2 \\ f_2 = \int_t^{t_f} 1 d\tau = t_{go} \end{cases} \tag{3-33}$$

将式(3－33)代入式(3－27)中，求出 k_1 和 k_2，再将结果代入到式(3－28)中得到最优末制导律为

$$a_M = -6\frac{y}{t_{go}^2} - 4\frac{v}{t_{go}}$$

代入式(3－5)，得到末制导律的另一种表达形式为

$$a_M = -\frac{V_M}{t_{go}}(-6q + 4\theta_M + 2\theta_f) \tag{3－34}$$

式(3－34)的结果与文献[151,152]中的带有落角约束的最优控制末制导律是一致的。而考虑控制系统具有一阶惯性环节时最优末制导律与文献[152]同样考虑控制系统具有一阶惯性环节时的结果相同。

3.4.2 权函数的逆为剩余时间函数的情况

1. 考虑控制系统为一阶惯性环节时最优末制导律的解析解

由式(3－23)，得

$$f_1 = \frac{T^2}{N+1}t_{go}^{N+1} - \frac{2T}{N+2}t_{go}^{N+2} + \frac{1}{N+3}t_{go}^{N+3} - 2Te^{-t_{go}/T}\left[\sum_{i=0}^{N+1}\frac{(N+1)!}{(N+1-i)!}T^{i+1}t_{go}^{N+1-i} - \right.$$
$$\left.\sum_{i=0}^{N}\frac{N!}{(N-i)!}T^{i+2}t_{go}^{N-i}\right] - T^2e^{-2t_{go}/T}\sum_{i=0}^{N}\frac{N!}{(N-i)!}\left(\frac{T}{2}\right)^{i+1}t_{go}^{N-i} +$$
$$T^{N+3}N!\left[\left(\frac{1}{2}\right)^{N+1} + 2N\right]$$

$$f_{12} = \frac{1}{N+2}t_{go}^{N+2} - \frac{T}{N+1}t_{go}^{N+1} + e^{-t_{go}/T}\left[\sum_{i=0}^{N+1}\frac{(N+1)!}{(N+1-i)!}T^{i+1}t_{go}^{N+1-i} - \right.$$
$$\left. 2\sum_{i=0}^{N}\frac{N!}{(N-i)!}T^{i+2}t_{go}^{N-i}\right] + Te^{-2t_{go}/T}\sum_{i=0}^{N}\frac{N!}{(N-i)!}\left(\frac{T}{2}\right)^{i+1}t_{go}^{N-i} -$$
$$T^{N+2}N!\left[\left(\frac{1}{2}\right)^{N+1} + N - 1\right]$$

$$f_2 = \frac{1}{N+1}t_{go}^{N+1} + T^{N+1}N!\left[\left(\frac{1}{2}\right)^{N+1} - 2\right] + 2e^{-t_{go}/T}\sum_{i=0}^{N}\frac{N!}{(N-i)!}T^{i+1}t_{go}^{N-i} -$$
$$e^{-2t_{go}/T}\sum_{i=0}^{N}\frac{N!}{(N-i)!}\left(\frac{T}{2}\right)^{i+1}t_{go}^{N-i}$$

将上式代入式(3－24)，化简得到控制系统为一阶惯性环节时最优制导律为

$$u^* = \frac{t_{go}^N[A_1y + (A_1t_{go} + A_2)v + T(A_1A(t) + A_2B(t))a_M(t)]}{f_{12}^2 - f_1f_2} \tag{3－35}$$

式中:A_1,A_2的表达形式如式(3−32)。

注意:式(3−35)与文献[29]中考虑控制系统为一阶惯性环节时得到的最优末制导律的解析解是一致的。

2. 不考虑控制系统惯性时最优末制导律的解析解

这里的N可以为任意正实数,由式(3−26)得

$$\begin{cases} f_1 = \displaystyle\int_t^{t_f} (t_f - \tau)^{N+2} \mathrm{d}\tau = \frac{1}{N+3} t_{\mathrm{go}}^{N+3} \\ f_{12} = \displaystyle\int_t^{t_f} (t_f - \tau)^{N+1} \mathrm{d}\tau = \frac{1}{N+2} t_{\mathrm{go}}^{N+2} \\ f_2 = \displaystyle\int_t^{t_f} (t_f - \tau)^{N} \mathrm{d}\tau = \frac{1}{N+1} t_{\mathrm{go}}^{N+1} \end{cases} \qquad (3-36)$$

得到的最优末制导律为

$$a_M = -(N+3)(N+2)\frac{y}{t_{\mathrm{go}}^2} - 2(N+2)\frac{v}{t_{\mathrm{go}}}$$

代入式(3−5),得

$$a_M = -\frac{V_M}{t_{\mathrm{go}}}\left[-(N+3)(N+2)q + 2(N+2)\theta_M + (N+1)(N+2)\theta_f\right]$$

$$(3-37)$$

注意,式(3−37)与文献[33,34]中的基于剩余时间加权函数的最优控制制导律形式上是一致的,不同的是文献[33,34]中的N必须为整数,而本章中的N可以为任意的正实数,但与文献[78]中当$n=m+1$的情况一致。文献[78]是基于多项式近似而不是最优理论推导出的制导律,因此其最优性没有从理论上证明,通过本章的结论可知当$n=m+1$时文献[78]中的制导律是一种最优制导律。

3.4.3　权函数的逆为指数函数的情况

当$W^{-1}(t) = e^{N(t_f - t)}$时,与文献[154]中的权函数是一致的,但是文献[154]只考虑导弹的脱靶量,没有考虑落角约束,也没有考虑控制系统具有一阶惯性环节情况。根据本章的结论,在分别考虑控制系统具有一阶惯性环节和无惯性环节情况下,可以容易地推导出基于指数权函数的满足零脱靶量和落角约束的最优末制导律。

1. 考虑控制系统为一阶惯性环节时最优末制导律的解析解

由式(3−23)得

$$f_1 = \frac{N^2 t_{go}^2 - 2N t_{go} - 2TN^2 t_{go} + T^2 N^2 + 2NT + 2}{N^3} e^{N t_{go}} +$$

$$\frac{(2T^2 t_{go} - 2T^3)(TN-1) - T^2}{(TN-1)^2} e^{(TN-1) t_{go}/T} + \frac{T^3}{TN-2} e^{(TN-2) t_{go}/T} -$$

$$\frac{2}{N^3} - \frac{2T}{N^2} - \frac{T^2}{N} + \frac{2T^3}{(TN-1)^2} + \frac{2T^3}{TN-1} - \frac{T^3}{TN-2}$$

$$f_{12} = \frac{N t_{go} - TN - 1}{N^2} e^{N t_{go}} + \frac{(2T^2 - T t_{go})(TN-1) + T^2}{(TN-1)^2} e^{(TN-1) t_{go}/T} -$$

$$\frac{T^2}{TN-2} e^{(TN-2) t_{go}/T} + \frac{1}{N^2} + \frac{T}{N} - \frac{T^2}{(TN-1)^2} - \frac{2T^2}{TN-1} + \frac{T^2}{TN-2}$$

$$f_2 = \frac{e^{N t_{go}}}{N} - \frac{2T e^{(TN-1) t_{go}/T}}{TN-1} + \frac{T e^{(TN-2) t_{go}/T}}{TN-2} - \frac{1}{N} + \frac{2T}{TN-1} - \frac{T}{TN-2}$$

代入式(3-24),化简得到控制系统为一阶惯性环节时最优末制导律为

$$u^* = \frac{e^{N t_{go}} \left[A_1 y + (A_1 t_{go} + A_2) v + T(A_1 A(t) + A_2 B(t)) a_M(t) \right]}{f_{12}^2 - f_1 f_2}$$

$$(3-38)$$

式中:A_1,A_2 的表达形式如式(3-32)。

2. 不考虑控制系统惯性时最优末制导律的解析解

由式(3-26)得

$$f_1 = \int_t^{t_f} (t_f - \tau)^2 e^{N(t_f - \tau)} d\tau = \frac{1}{N} \left[t_{go}^2 e^{N t_{go}} - \frac{2}{N} \left(t_{go} e^{N t_{go}} + \frac{1}{N} - \frac{1}{N} e^{N t_{go}} \right) \right]$$

$$f_{12} = \int_t^{t_f} (t_f - \tau) e^{N(t_f - \tau)} d\tau = \frac{1}{N} \left(t_{go} e^{N t_{go}} + \frac{1}{N} - \frac{1}{N} e^{N t_{go}} \right)$$

$$f_2 = \int_t^{t_f} e^{N(t_f - \tau)} d\tau = -\frac{1}{N} + \frac{1}{N} e^{N t_{go}}$$

代入式(3-27),得

$$k_1 = \frac{N^2 e^{N t_{go}} - N^2 - N^3 t_{go}}{e^{-N t_{go}} - 2 + e^{N t_{go}} - N^2 t_{go}^2}$$

$$k_2 = \frac{2N e^{N t_{go}} - 2N - N^3 t_{go}^2 - 2N^2 t_{go}}{e^{-N t_{go}} - 2 + e^{N t_{go}} - N^2 t_{go}^2}$$

此时的最优末制导律为

$$u^* = k_1 V_M t_{go} q - k_2 V_M \theta_M - (k_1 V_M t_{go} - k_2 V_M) \theta_f \qquad (3-39)$$

3.4.4　仿真结果与分析

为了描述方便,以下将末制导律式(3 - 39)和式(3 - 38)分别简称为 EWOG1 和 EWOG2。

对前两种权函数下的最优末制导律,现有文献已做了比较全面的仿真分析,本节在不同的条件下仅对满足落角约束的指数权函数的最优末制导律进行仿真分析,分别考虑控制系统为一阶惯性环节和无惯性环节两种情况。

1. 不同的终端落角值

仿真模型应用问题描述中的导引运动方程,仿真初始条件如表 3 - 1 所列,参数取为 $N = 0.6, T = 0.4$。

表 3 - 1　仿真中的初始参数

参　数	数值/单位
导弹初始位置 $X_M(0), Y_M(0)$	$(0, 2000)\,\mathrm{m}$
目标初始位置 $X_T(0), Y_T(0)$	$(1200, 0)\,\mathrm{m}$
导弹速度 V_M	$300\mathrm{m/s}$
目标速度 V_T	$0\mathrm{m/s}$
初始弹道倾角 $\theta_M(0)$	$0°$
期望的终端落角 θ_f	$-60°, -75°, -90°$

仿真结果如图 3 - 2 所示,可以看出在末制导律 EWOG1 和 EWOG2 作用。

以下导弹都能够满足终端落角约束的条件,以期望的落角去攻击目标。由图 3 - 2(a)导弹轨迹可以看出,随着期望的终端落角值越大,控制系统为一阶惯

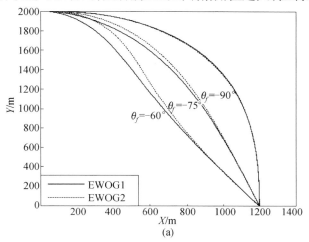

(a)

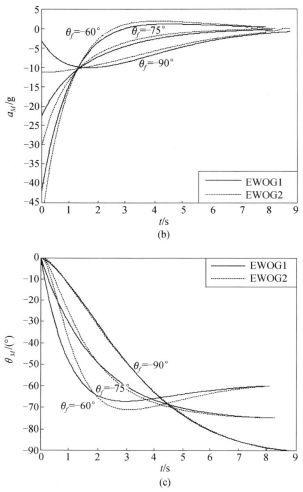

图 3 - 2   不同终端落角情况下的仿真结果

(a)弹道轨迹;(b)导引指令;(c)弹道倾角。

性环节情况和无惯性环节情况的差别越小,且当落角为 - 90°时,两者的弹道轨迹和弹道倾角之间的差别几乎可以忽略。但从图 3 - 2(b)可以看出,两种控制情况下的导引指令还是存在着差异,控制系统为一阶惯性环节情况下的导引指令变化较平缓,制导初段导引指令较大,这样使得落角更快地向期望值收敛,而在 EWOG1 作用下导弹的制导指令在末端并没有如 EWOG2 那样趋向于零。

注:从图 3 - 2(b)的仿真结果可以看出,所推导的最优末制导律过载均较大,尤其是落角为 - 60°时已经超过了 - 40g,过大的过载需求会大大降低该末制导律的实用价值。这里过载较大的主要原因是本章研究的末制导律只考虑落角

约束而没有考虑过载的限制,仿真也是为了验证本章推导的末制导律满足落角约束情况。因此,在仿真研究中也就没有考虑对导弹的过载进行限制。如果对导弹的过载加以限制,只要初始条件满足一定的要求,从导引指令的仿真图可知,导引指令的值越来越小,所以导弹的落角约束也会满足要求。

2. 不同指数权系数

下面就三种不同的指数加权函数的系数 $N = 0.2$，$N = 0.6$ 和 $N = 0.9$ 进行仿真。终端落角选取 $\theta_f = -60°$，$\theta_f = -75°$，$\theta_f = -90°$，其他仿真参数与表 3 - 1 相同。仿真结果如表 3 - 2 所列和图 3 - 3 所示。图 3 - 3 表示为落角 $\theta_f = -60°$ 时的仿真结果。

表 3 - 2 不同条件下的仿真结果

终端落角 /(°)	制导律	脱靶量/m			落角误差/(°)		
		$N = 0.2$	$N = 0.6$	$N = 0.9$	$N = 0.2$	$N = 0.6$	$N = 0.9$
-60°	EWOG1	0.53	0.72	0.79	0.03	0.02	0.01
	EWOG2	0.54	0.69	0.48	1.92	1.29	0.03
-75°	EWOG1	0.34	1.12	1.04	0.01	0.01	0.00
	EWOG2	0.29	0.87	0.74	1.12	0.04	0.02
-90°	EWOG1	1.76	1.82	1.54	0.03	0.01	0.00
	EWOG2	0.84	0.92	0.80	1.59	0.39	0.04

从表 3 - 2 可以看出,带落角约束的指数权函数在不同的权系数下都能够很好地满足终端落角要求,并且脱靶量都在合理的范围之内。控制系统在一阶惯

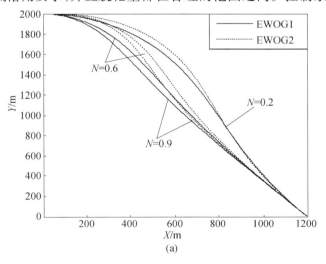

(a)

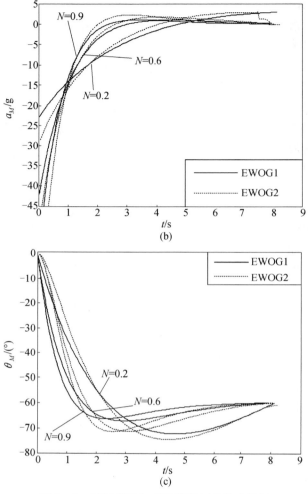

图3-3 不同指数权系数情况下的仿真结果

（a）弹道轨迹；（b）导引指令；（c）弹道倾角。

性环节情况下比无惯性环节情况下的脱靶量小，但是落角误差相对较大。$N = 0.2$ 时的脱靶量和落角误差比 $N = 0.9$ 时大。

　　由图3-3可知，在不同指数权系数下，导弹都能满足落角约束并且击中目标，但是不同指数权系数下的仿真参数差别也是存在的。由图3-3（b）的导引指令仿真结果可知，当选取的 N 值越小，对导引指令的要求就越低，导引指令收敛的速度就越小，并且当 $N = 0.2$ 时控制系统无惯性环节情况下的导引指令不等于零，与文献[29]中的 $N = 0$ 类似。由图3-3（c）可知，N 值越大，弹道倾角收敛到期望落角的速度就越大，弹道轨迹也就越平滑。

由以上仿真结果可知,选择不同的 N 值都能够满足终端脱靶量和落角要求,如果对导引指令没有严格的限制,那么选择相对大一点的 N 值制导效果更好,相反就可以选择相对小的 N 值。

3. 抗干扰能力仿真与分析

由于风的干扰是客观存在的,这会对制导效果产生不利影响。因此,有必要对末制导律的抗风干扰能力进行研究。参考文献[33]研究的是一种带落角约束的剩余时间加权最优末制导律,有一定的代表性,而本章研究的也是一种带落角约束的、与剩余时间相关的加权最优末制导律。因此,将两者的抗风干扰能力进行对比研究有一定的实际意义。

仿真过程中沿 X 轴正方向施加风速为5m/s 的常值风。表3-3 和图3-4给出了落角为 -65° 和 -90°时的仿真结果。可以看出,文献[33]的基于剩余时间权函数的带落角约束最优制导律(OGL/IAC)和 EWOG1、EWOG2 都能够以较小的落角误差打击目标,EWOG1 和 EWOG2 的落角控制精度比 OGL/IAC 更高一些,EWOG2 的落角控制精度最高,而且 OGL/IAC 的脱靶量比较大,达到7.71m 和 14.68m,而 EWOG1 和 EWOG2 都能够以期望的落角准确地命中目标,表明指数权函数下的制导律抗常值风的干扰能力较强。

表3-3　常值风下 EWOG1、EWOG2 和 OGL/IAC 的仿真结果

制导率	脱靶量/m		落角误差/(°)	
	-65°	-90°	-65°	-90°
EWOG1	1.22	1.31	2.03	1.16
EWOG2	0.31	0.16	0.01	0.18
OGL/IAC	7.71	14.68	2.91	2.14

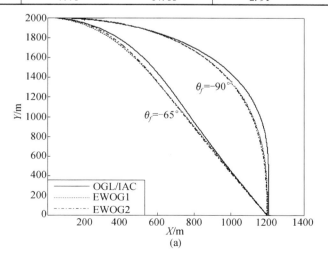

(a)

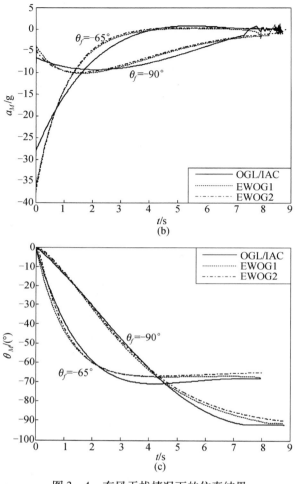

图 3-4 有风干扰情况下的仿真结果

（a）弹道轨迹；（b）导引指令；（c）弹道倾角。

3.5 本章小结

本章研究了带有落角约束的一般权函数的最优末制导律。引入了落角坐标系并建立了落角坐标系下的导引运动方程，在小角度假设下线性化运动方程，利用 Schwarz 不等式求解了带落角约束的最优末制导律，最后给出了三种特殊权函数下的算法验证。对于任意给定的满足一定条件的权函数，通过本章的结论可以直接求出控制系统具有一阶惯性环节和无惯性环节情况下满足落角约束的最优末制导律。当选择不同的加权函数,可以得到实现不同制导目的的最优末制导律。

　　本章结论包含并推广了现有文献带有落角约束的最优末制导律的结果,是终端落角约束最优末制导律的更一般形式。通过本章结论,可以很容易地求解到指数权函数下满足落角约束的最优末制导律,最后通过仿真分析得到了指数权函数情况下带有落角约束的最优末制导律的一些特性。

第4章 终端多约束条件下针对静止目标的剩余时间末制导律

第3章主要研究有无自动驾驶仪动态特性情况下的终端角度约束的最优末制导律,没有考虑终端加速度的约束条件,因此本章中将针对静止目标在满足终端落角约束的情况下研究终端加速度约束的剩余时间末制导律。

几十年来,大多数战术制导武器系统的末制导律设计都是应用比例导引律[20,22,35,155],原因是比例导引律简单且易于工程实现。然而,比例导引律却无法满足特殊的终端约束条件,例如终端落角约束、终端加速度约束等。为了提高导弹的打击能力,通常要求导弹在末端能够以一定的角度去攻击目标;为了得到期望的终端落角,应用最优控制理论和其他方法得到了许多先进的制导律[28,30,36,60]。

从实际应用角度来说,终端加速度约束和终端落角约束一样重要,主要体现在:首先,导弹的实际加速度受到空气动力学的限制,当导弹接近目标时,零终端加速度约束将会降低命令饱和的概率并且会提高导弹终端性能,零终端加速度约束使导弹的控制系统在末制导段有足够的能力去应对外界的干扰。其次,为了提高导弹弹头的毁伤效果,需要对终端加速度加以约束。许多考虑带落角约束的文献为了从几何运动方程中求解到制导律,通常只考虑弹道倾角控制。然而,对于反坦克和反舰导弹系统来讲,为了有效破坏有装甲保护的目标,一个重要的参数是终端弹体角,而不是弹道倾角。对于机动飞行导弹,由于存在着攻角,所以弹体角并不等于弹道倾角。实际中为了使导弹在碰撞时刻弹道倾角近似和弹体角相等,通常会控制末端攻角到非常小。如果末端攻角过大,不但不能很好地打击目标,甚至会损坏导弹的结构。对于轴对称结构的导弹,当攻角和侧滑角很小时,导弹的攻角通常与法向和横向加速度成比例关系。此外,典型的巡航导弹都设计成水平飞行,即零垂直加速度、充分小的攻角。对于导弹的实际应用,为了在碰撞时使攻角为零,零终端加速度约束是有必要的。

基于以上原因,本章将研究带终端落角和终端加速度约束的末制导律。首先,通过反馈线性化的方法将建立的弹目方程线性化,求解到适合大角度和小角度情况下的关于剩余时间多项式的制导律;然后,对求解的制导律的特性进行分析;而后,针对设计的制导律求解一种有效估计剩余时间的方法;最后通过数学仿真,验证该制导律和剩余时间估计方法的可行性。

4.1 带落角和终端加速度约束的末制导律设计

4.1.1 弹目相对运动方程

图4-1所示为导弹末制导段几何关系图,其中:(X_I, Y_I)表示惯性坐标系;(x_f, y_f)表示落角坐标系即以要求的落角方向为x轴建立起来的坐标系,是由惯性坐标系逆时针转过期望的落角θ_f得的;下标"M"和"T"分别表示导弹和目标;R和V_M分别表示弹目相对距离和导弹速度;导弹的弹道倾角和视线角分别表示为θ_M和q。由图4-1中几何关系可以得到θ和$\bar{q}$的表达式为

$$\theta \triangleq \theta_M - \theta_f \qquad \bar{q} \triangleq q - \theta_f \qquad (4-1)$$

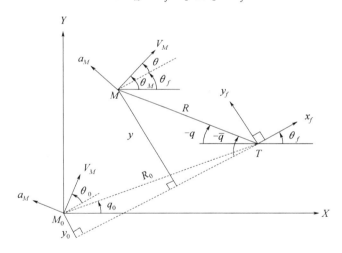

图4-1　末制导几何关系图

为了得到和分析终端落角和加速度约束的末制导律,提出以下假设:

(1)末制导段的初始条件有界,即

$$|y(0)| \leqslant y_{0,\max} \qquad |\theta(0)| \leqslant \theta_{0,\max} \qquad (4-2)$$

式中:$y_{0,\max}$为在落角坐标系下的纵坐标的最大数值;$\theta_{0,\max}$为落角坐标系下的最大允许初始弹道倾角。

(2)在末制导的初始时刻目标在导弹的视场范围内。

(3)导弹的速度为常值。

由图4-1可得坐标系(x_f, y_f)下的运动关系方程为

$$\dot{y} = v = V_M \sin\theta \qquad \dot{\theta} = a_M / V_M \qquad\qquad (4-3)$$

式中:y 和 v 为 y_f 轴方向上的位置和速度;a_M 为垂直于速度方向上的法向加速度。

由图 4-1 的几何关系可知,要满足终端的零脱靶量和终端落角要求,也就是满足 $y(t_f) = \theta(t_f) = 0$。又因为 $v(t) = V_M \sin\theta(t)$,满足落角 $\theta(t_f) = 0$ 即满足 $v(t_f) = 0$,所以终端约束条件可以变为 $y(t_f) = v(t_f) = 0$。

4.1.2 末制导律设计

由方程(4-3)可得 $\dot{v} = a_M \cos\theta$,令 $a'_M = a_M \cos\theta$,所以得到方程(4-3)的线性方程为

$$\dot{y} = v \qquad \dot{v} = a'_M \qquad\qquad (4-4)$$

下面通过满足导弹末制导终端约束条件来求解 a'_M。

借鉴文献[157]中关于多项式制导律的概念,先假设剩余时间多项式末制导律(TPG)a'_M 的形式为

$$a'_M(t) = c_0 + c_1 t_{go} + c_2 t_{go}^2 + c_2 t_{go}^3 + \cdots \qquad\qquad (4-5)$$
$$t_{go} = t_f - t$$

为了准确满足期望的终端落角并且提高导弹末端的导引性能,对导弹的加速度加上以下两个约束。

(1)导弹在末制导终点的加速度为零,满足 $a_M(t_f) = 0$,由于在末制导终点时落角达到期望的落角,$\theta = 0$,$\cos\theta = 1$,也即满足 $a'_M(t_f) = 0$;

(2)导弹在末制导终点的加速度对时间导数为零,满足 $\dot{a}'_M(t_f) = 0$。

注:因为剩余时间估计误差的存在,使得在实际工程中很难使终端加速度为零,加上第二个约束能够使导弹对该误差具有一定的鲁棒性。

在满足以上两个约束条件下,式(4-5)中的系数 c_0 和 c_1 必须为零。另外考虑两个终端约束条件 $y(t_f) = v(t_f) = 0$,为了得到唯一的制导律解,只需要取式(4-5)中的两项,即

$$a'_M(t) = c_m t_{go}^m + c_n t_{go}^n \qquad n > m \geq 0 \qquad\qquad (4-6)$$

当 $n > m > 1$ 时,终端两个加速度条件约束能同时满足。将式(4-6)代入式(4-4)中,通过积分计算可得导弹在落角坐标系下终端时刻脱靶量和纵向速度分量为

$$y(t_f) = y(0) + v(0)t_f + \frac{c_m}{m+2}t_f^{m+2} + \frac{c_n}{n+2}t_f^{n+2} \qquad\qquad (4-7)$$

$$v(t_f) = v(0) + \frac{c_m}{m+1}t_f^{m+1} + \frac{c_n}{n+1}t_f^{n+1} \qquad (4-8)$$

式中:$y(0)$和$v(0)$分别为落角坐标系下初始时刻脱靶量和纵向速度分量;t_f为导弹的飞行时间。

通过式(4-7)和式(4-8)以及两个边界条件,可以求得系数c_m和c_n为

$$c_m = \frac{(m+1)(m+2)}{n-m}\left[\frac{n+2}{t_f^2}y(0) + \frac{1}{t_f}v(0)\right]t_f^{-m} \qquad (4-9)$$

$$c_n = \frac{(n+1)(n+2)}{m-n}\left[\frac{m+2}{t_f^2}y(0) + \frac{1}{t_f}v(0)\right]t_f^{-n} \qquad (4-10)$$

将式(4-9)和式(4-10)代入式(4-6)中,得到初始时刻的状态反馈形式的制导指令为

$$a'_M(0) = -\frac{(m+2)(n+2)}{t_f^2}y(0) - \frac{(m+n+3)}{t_f}v(0) \qquad (4-11)$$

每一步都初始化和重新计算系数c_m和c_n,得

$$a'_M(t) = -\frac{(m+2)(n+2)}{t_{go}^2}y(t) - \frac{(m+n+3)}{t_{go}}v(t) \qquad (4-12)$$

式中:m,n为制导增益,可以是任意正实数。

为了使$a'_M(t)$更便于工程化实现,可以通过几何关系对式(4-12)进行变换。由几何关系可知弹道倾角、视线角以及落角之间的关系为

$$\sin\theta = \frac{v}{V_M} \quad \sin\bar{q} = -\frac{y}{R} = -\frac{y}{V_M t_{go}} \qquad (4-13)$$

由式(4-1)和式(4-13),得

$$y = V_M t_{go} \sin(\theta_f - q) \qquad (4-14)$$

$$v = V_M \sin(\theta_M - \theta_f) \qquad (4-15)$$

将式(4-14)和式(4-15)代入式(4-12)中,得

$$a'_M(t) = -\frac{V_M}{t_{go}}\left[(m+2)(n+2)\sin(\theta_f - q) + (m+n+3)\sin(\theta_M - \theta_f)\right]$$

$$(4-16)$$

最终可得导弹的末制导律为

$$a_M(t) = \frac{-V_M}{\cos(\theta_M(t) - \theta_f)t_{go}}\left[(m+2)(n+2)\sin(\theta_f - q(t)) + \right.$$

$$\left. (m+n+3)\sin(\theta_M(t) - \theta_f)\right] \qquad (4-17)$$

由式(4-17)可知:当 $\theta = \theta_M - \theta_f$,$\bar{q} = q - \theta_f$ 为小角度时,式(4-17)的末制导律退变成文献[78]中的制导律形式,即

$$a_M(t) = -\frac{V_M}{t_{go}}[-(m+2)(n+2)q(t) +$$
$$(m+n+3)\theta_M(t) + (m+1)(n+1)\theta_f] \quad (4-18)$$

但是,在末制导段的初始转弯阶段,θ,$\bar{q}$ 一般都不是小角度,因此采用式(4-17)的制导律更符合实际情况。

注:由式(4-17)可知,当 $\theta = \theta_M(t) - \theta_f = \pi/2$ 时,末制导律会发生奇异。由于此时导弹的飞行方向是和落角方向垂直的,偏离落角方向,需要大的过载来修正飞行方向,可令 $a_M(t) = a_{M,max}$,当修正到 $\theta < \pi/2$ 时可再应用式(4-17)的末制导律。由后面的分析可知,当考虑导弹的视场角限制时,这种情况是不会发生的,因为此时目标已经不在视场范围之内。观察式(4-17)会发现,要执行末制导律 $a_M(t)$,由于 θ_f 为已知量,所以必须要知道角度 θ_M,q 和剩余时间 t_{go}。其中:θ_M,q 可以分别通过惯导系统和弹上仪器测得,而剩余时间却不能通过任何仪器直接测得;需要通过估计算法来求解。

4.2　末制导律特性分析

4.2.1　闭环形式的轨迹解

按照参考文献[78]的思路,为了求得闭环形式的轨迹解,将式(4-12)代入式(4-4)中,可以得到关于变量 y 的二阶时变微分方程为

$$\ddot{y} + \frac{(m+n+3)}{t_{go}}\dot{y} + \frac{(m+2)(n+2)}{t_{go}^2}y = 0 \quad (4-19)$$

注意到方程(4-19)为 Cauchy-Euler 方程,令 $x = \ln t_{go}$,则式(4-19)变成以下常微分方程,即

$$\frac{d^2 y}{dx^2} - (m+n+4)\frac{dy}{dx} + (m+2)(n+2)y = 0 \quad (4-20)$$

解微分方程(4-20),并将 $x = \ln t_{go}$ 代入解中得到微分方程的通解为

$$y(t') = C_1 t_{go}'^{n+2} + C_2 t_{go}'^{m+2} \quad t' \in [0, t_f] \quad (4-21)$$

$$C_1 = \frac{y(0)(m+2) + v(0)t_f}{(m-n)t_f^{n+2}}$$

$$C_2 = \frac{y(0)(n+2) + v(0)t_f}{(n-m)t_f^{m+2}} \quad (4-22)$$

当 $t_0 = t$ 时,$y(t') = C_1 t_{go}'^{n+2} + C_2 t_{go}'^{m+2}$,$t' \in [t, t_f^*]$,其中

$$C_1 = \frac{y(t)(m+2) + v(t)t_{go}}{(m-n)t_{go}^{n+2}} \qquad C_2 = \frac{y(t)(n+2) + v(t)t_{go}}{(n-m)t_{go}^{m+2}}$$

由此可以看出 $y(t')$ 是剩余时间的函数,并且它的值取决于制导增益、飞行时间和初始条件。

4.2.2 制导指令的特性

将式(4-21)对时间求导,与式(4-21)一同代入式(4-12)中,求得制导指令的闭环解为

$$a'_M(t) = C_1(n+1)(n+2)t_{go}^n + C_2(m+1)(m+2)t_{go}^m \qquad (4-23)$$

所以可得

$$a_M(t) = \frac{1}{\cos\theta}\left[C_1(n+1)(n+2)t_{go}^n + C_2(m+1)(m+2)t_{go}^m \right]$$

$$(4-24)$$

从式(4-24)中可以看出当 $n > m > 0$,$t_{go} \to 0$ 时,$\theta \to 0°$,所以制导指令在终端时刻总是收敛到零的。

从工程实际应用的角度来说,对于给定的初始条件和制导增益,知道制导指令的最大数值是很有必要的。应用这些信息,设计者可以制定执行机构的操作规范,或者判断是否是由于执行机构的命令限制而导致制导指令的饱和。所以接下来的工作是通过结合制导指令的闭环解求出制导指令在末制导段的最大值。

由式(4-22)和式(4-23)可知,如果制导增益是定值,那么初始误差越大则制导指令越大,所以在假设(1)成立的情况下,当导弹的末制导的初始条件为 $y(0) = \pm y_{0,\max}$ 和 $\theta(0) = \pm \theta_{0,\max}$ 时,为了满足终端约束要求,则需要更大的制导指令。

图4-2给出了四种初始条件。在这四种初始条件下,导弹将会产生相对大的制导指令。

由图4-2可知,当初始条件满足 A 和 $D(y_{0,\max}\theta_{0,\max} > 0)$ 时,导弹末制导段初始时刻的运动是偏离落角方向的,此时需要大的机动来修正飞行弹道以达到最终落角的要求;当初始条件满足 B 和 $C(y_{0,\max}\theta_{0,\max} < 0)$ 时,导弹末制导段初始时刻的运动是向着落角方向的,在这种情况下只需要小的修正就能满足落角的要求。对于式(4-2)给定的末制导初始条件,从能量最优的角度来看,初始条件满足 A 和 D 是最差的初始条件,如果制导指令在最差的初始条件下还没有达

55

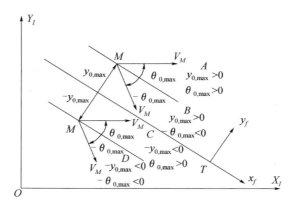

图 4 - 2　产生大的制导指令的四种可能情况

到饱和,也就意味着对于所有的初始条件,制导指令都不会饱和。所以下面只针对最差的初始条件下的制导指令进行分析。

如果一个函数 f 在一个闭区间上是连续的,那么由极值定理可知,函数存在最大(小)值,并且最大(小)值要么在驻点处(函数的驻点定义为使函数的导数为零($\dot{f} = 0$)的解),要么在边界点处。对于式(4 - 23)给定的制导指令,可以得到以下引理。

引理 4. 1　在制导指令曲线中,存在两个边界点和一个驻点,如图 4 - 3 所示。

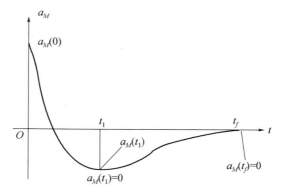

图 4 - 3　TPG 命令曲线形状

证明:因为剩余时间定义在区间 $[0, t_f]$ 上,所以 0 和 t_f 为制导指令的两个边界点。在初始条件满足 A 和 D 的情况下,系数 C_1 和 C_2 有着不同的符号,并且剩余时间为正值,式(4 - 23)对时间求导,由驻点满足的条件 $\dot{a}'_M = 0$ 可得到满足

条件的两个驻点为

$$t_{go} = 0 \qquad t_{go} = \left[- \frac{C_2 m(m+1)(m+2)}{C_1 n(n+1)(n+2)} \right]^{1/(n-m)} \qquad (4-25)$$

第一个解为其中的一个边界点,所以剩下的一个解为驻点,可在时间 t_1 处得到,即

$$t_1 = t_f - \left[- \frac{C_2 m(m+1)(m+2)}{C_1 n(n+1)(n+2)} \right]^{1/(n-m)} \qquad (4-26)$$

由引理 4.1 和极值定理可知,制导指令的最值将在 $t=0$, $t=t_f$ 或者 $t=t_1$ 处取得。然而由 TPG 的基本特性可知,制导指令在终端时刻总是趋近为零,因此制导指令的最值只能在 $t=0$ 或者 $t=t_1$ 处得到。所以需要通过比较 $a'_M(0)$ 和 $a'_M(t_1)$ 的绝对值的大小来判断最值的取得,即

$$a'_{M,max} = \max(\,|a'_M(0)|, |a'_M(t_1)|\,) \qquad (4-27)$$

为了简化分析过程,对制导增益加一个约束条件 $n=m+1$。注意,m 和 n 是可以为任意的正实数。那么,制导指令和系数可以表示为

$$a'_M(t) = C_1(m+2)(m+3)t_{go}^{m+1} + C_2(m+1)(m+2)t_{go}^m \qquad (4-28)$$

$$C_1 = - \frac{y(0)(m+2) + v(0)t_f}{t_f^{m+3}} \qquad (4-29)$$

$$C_2 = \frac{y(0)(m+3) + v(0)t_f}{t_f^{m+2}} \qquad (4-30)$$

由式(4-28)~式(4-30)可以得到以下引理。

引理 4.2 制导指令在初始时刻的大小与制导增益成比例关系。

证明:将式(4-29)和式(4-30)代入式(4-28)中,取 $t=0$,得

$$a'_M(0) = - \frac{(m+2)}{t_f^2}[\,y(0)(m+3) + 2v(0)t_f\,] \qquad (4-31)$$

即

$$a_M(0) = - \frac{(m+2)}{t_f^2 \cos\theta_0}[\,y(0)(m+3) + 2v(0)t_f\,] \qquad (4-32)$$

所以引理得证。

引理 4.3 在初始条件满足 A 和 D 两种不同初始条件下,制导指令在 $t=t_1$ 和 $t=0$ 处的值有不同的符号。

证明:由式(4-28)可得制导指令在驻点处的值为

$$a'_M(t_1) = C_1(m+2)(m+3)\tilde{t}_{go}^{m+1} + C_2(m+1)(m+2)\tilde{t}_{go}^m \qquad (4-33)$$

57

式中: $\tilde{t}_{go} = t_f - t_1$。

因为 $t = t_1$ 为驻点,由 $\dot{a}'_M(t_1) = 0$ 可得

$$C_1(m+1)(m+2)(m+3)\tilde{t}_{go}^m = -C_2 m(m+1)(m+2)\tilde{t}_{go}^{m-1} \quad (4-34)$$

由式(4-33)和式(4-34)可知

$$a'_M(t_1) = C_2(m+2)\tilde{t}_{go}^m \quad (4-35)$$

将式(4-30)代入式(4-35)中,得

$$a'_M(t_1) = \frac{(m+2)[y(0)(m+3) + v(0)t_f]}{t_f^{m+2}}\tilde{t}_{go}^m \quad (4-36)$$

在初始条件满足 A 的情况下,制导指令在驻点处的值总是正值,由式(4-31)可知初值时刻的制导指令为负。而在初始条件满足 D 的情况下,情况刚好相反。因此,无论是初始条件满足 A 或者是 D,两个极值点处的值都拥有不同的符号。

由引理4.2和引理4.3可以得到以下定理。

定理4 在初始条件最差的末制导方案中,制导指令的绝对最大值总是出现在 $t = 0$ 处。

证明:在初始条件满足 A 的情况下,由于 $a'_M(0) < 0, a'_M(t_1) > 0$,所以有

$$|a'_M(0)| = -C_1(m+2)(m+3)t_f^{m+1} - C_2(m+1)(m+2)t_f^m \quad (4-37)$$

$$|a'_M(t_1)| = C_2(m+2)\tilde{t}_{go}^m \quad (4-38)$$

$$|a'_M(0)| - |a'_M(t_1)| = -C_1(m+2)(m+3)t_f^{m+1} -$$
$$C_2(m+1)(m+2)t_f^m - C_2(m+2)\tilde{t}_{go}^m$$
$$(4-39)$$

显然 $C_2(m+2)t_f^m > C_2(m+2)\tilde{t}_{go}^m$,所以有以下不等式成立,即

$$|a'_M(0)| - |a'_M(t_1)| > -C_1(m+2)(m+3)t_f^{m+1} - C_2(m+2)^2 t_f^m$$
$$(4-40)$$

将式(4-29)和式(4-30)代入式(4-40)中,得

$$|a'_M(0)| - |a'_M(t_1)| > \frac{(m+2)}{t_f}v(0) \quad (4-41)$$

由 $v(0) = V_M \theta_{0,max} > 0$,得

$$|a'_M(0)| > |a'_M(t_1)| \quad (4-42)$$

同理在初始条件满足 D 的情况下, $a'_M(0) > 0, a'_M(t_1) < 0$,所以有

$$|a'_M(0)| - |a'_M(t_1)| = C_1(m+2)(m+3)t_f^{m+1} +$$
$$C_2(m+1)(m+2)t_f^m + C_2(m+2)\tilde{t}_{go}^m$$
$$(4-43)$$

由于 $C_2(m+2)t_f^m < C_2(m+2)\tilde{t}_{go}^m$，所以有

$$|a'_M(0)| - |a'_M(t_1)| > C_1(m+2)(m+3)t_f^{m+1} + C_2(m+2)^2 t_f^m$$
$$(4-44)$$

将式(4-29)和式(4-30)代入式(4-44)中,得

$$|a'_M(0)| - |a'_M(t_1)| > -\frac{(m+2)}{t_f}v(0) \qquad (4-45)$$

由 $v(0) = -V_M\theta_{0,\max} < 0$，得

$$|a'_M(0)| > |a'_M(t_1)| \qquad (4-46)$$

综上,定理得证。

由定理4可知,初始条件最差的末制导方案中制导指令的最大数值出现在初始时刻。对于给定的初始条件,由式(4-31)可知,制导指令的最大值是关于 m 的函数,所以如果知道制导指令的饱和值就可以反过来求取 m 值。

4.2.3 视场角的特性

参考文献[158]对视场角的定义,如图4-4所示,视场角的表达式为

$$\lambda(t) = \sigma_L(t) - \alpha_M(t) \qquad (4-47)$$

式中:λ 和 α_M 分别为视场角和攻角;σ_L 为前置角,$\sigma_L = \bar{q}(t) - \theta(t)$。

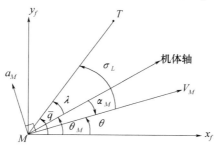

图4-4 在落角坐标系中视场角的几何关系

由式(4-13)可得前置角为

$$\sigma_L(t) = \arcsin\left(-\frac{y(t)}{V_M t_{go}}\right) - \arcsin\left(\frac{v(t)}{V_M}\right) \qquad (4-48)$$

将式(4-21)对时间求导,并和式(4-21)一起代入式(4-48),可得前置角的闭环解为

$$\sigma_L(t) = \arcsin\left(-\frac{C_1 t_{go}^{n+1} + C_2 t_{go}^{m+1}}{V_M}\right) - \arcsin\left(-\frac{C_1(n+2) t_{go}^{n+1} + C_2(m+2) t_{go}^{m+1}}{V_M}\right)$$

$$(4-49)$$

对于轴对称型的导弹来说,导弹的攻角和加速度成比例关系的,所以导弹的攻角可以表示为

$$\alpha_M(t) = K a_M(t) \tag{4-50}$$

式中:$K \triangleq 1/(Q S_w C_{N_\alpha})$ Q,S_w,C_{N_α} 分别为动压、参考面积和入射角的法向力系数。

结合式(4-24)、式(4-49)和式(4-50),视场角的闭环形式的解为

$$\lambda(t) = \arcsin\left(-\frac{C_1 t_{go}^{n+1} + C_2 t_{go}^{m+1}}{V_M}\right) - \arcsin\left(-\frac{C_1(n+2) t_{go}^{n+1} + C_2(m+2) t_{go}^{m+1}}{V_M}\right) -$$

$$\frac{1}{\cos\theta}\left[C_1(n+1)(n+2) t_{go}^n + C_2(m+1)(m+2) t_{go}^m\right] \tag{4-51}$$

视场角近似于剩余时间的 $n+1$ 阶多项式形式,它的值取决于初始条件、制导增益、导弹速度以及飞行时间。注意,当 $n > m > 0$ 时,视场角在终点时刻的值趋近于零。

在实际应用中,了解导弹视场角的最大值同样非常重要。不同于比例导引律,为了满足终端落角约束,大多数带落角控制的导引律,在末制导段修正飞行路径时需要很大的制导指令,大的指令就会产生大的视场角,从而有可能使视线角超过弹头视场角的最大范围而导致目标的丢失。因此需要计算出视场角的最大数值,来判断是否超出弹头视场角的极限值。因为导弹在末制导段,大的机动会增大锁定目标失败的概率,所以需要分析导弹初始条件最差的末制导方案($\gamma_{0,\max}\theta_{0,\max} > 0$)的视场角情况。

由式(4-51)可知,视场角表达式的结构比较复杂,很难直接求出它的最值,需要采用间接法来求取最值。在末制导段导弹的攻角是有界的,即

$$-\alpha_{M,\max} \leqslant \alpha_M(t) \leqslant \alpha_{M,\max} \tag{4-52}$$

式中:$\alpha_{M,\max}$ 为攻角的最大值,它的值可通过式(4-50)和制导指令的极限来获得。由式(4-47)和式(4-52)可得视场角的范围为

$$\sigma_L(t) - \alpha_{M,\max} \leqslant \lambda(t) \leqslant \sigma_L(t) + \alpha_{M,\max} \tag{4-53}$$

所以视场角的上限可由最大的正前置角来获得。同理,下限可由最小的负前置角来求解。因此,可以通过求解前置角的最大和最小值,来间接地分析视场角的

取值范围。

要保持导弹的视场在视场角范围之内,导引头视场角的范围一般不会很大,并且在落角坐标系中,导弹的飞行方向是向着落角方向收敛的,因此可将式(4-49)近似为

$$\sigma_L(t) = \frac{C_1(n+1)t_{\mathrm{go}}^{n+1} + C_2(m+1)t_{\mathrm{go}}^{m+1}}{V_M} \qquad (4-54)$$

对式(4-54)求导,令 $\dot{\sigma}_L(t) = 0$,由于视场角在终点时刻的值为零,可以得到视场角的极值将取在 $t=0$ 和 $t=t_2$ 处,其中 $t=t_2$ 为驻点,表达式为

$$t_2 = t_f - \left[-\frac{C_2(m+1)^2}{C_1(n+1)^2} \right]^{1/(n-m)} \qquad (4-55)$$

为了简化分析过程,对制导增益增加一个约束条件 $n=m+1$,那么可得前置角为

$$\sigma_L(t) = \frac{C_1(m+2)t_{\mathrm{go}}^{m+2}}{V_M} + \frac{C_2(m+1)t_{\mathrm{go}}^{m+1}}{V_M} \qquad (4-56)$$

式中:系数 C_1 和 C_2 由式(4-29)和式(4-30)得到。

由式(4-56)可以得到以下引理。

引理4.4 在初始条件满足 A 和 D 的情况下,前置角是有界的,其范围是

$$\sigma_L(0) \leq \sigma_L(t) \leq \sigma_L(t_2) \ \text{或} \ \sigma_L(t_2) \leq \sigma_L(t) \leq \sigma_L(0) \qquad (4-57)$$

证明:将式(4-29)和式(4-30)代入式(4-56)中,可得 $t=0$ 处的前置角为

$$\sigma_L(0) = -\frac{1}{V_M t_f}\left[y(0) + v(0)t_f \right] \qquad (4-58)$$

在初始条件满足 A 的情况下,$\sigma_L(0)$ 为负值;而在条件 D 下,$\sigma_L(0)$ 为正值。由式(4-56),得

$$\sigma_L(t_2) = \frac{C_1(m+2)\tilde{t}_{\mathrm{go}}^{m+2}}{V_M} + \frac{C_2(m+1)\tilde{t}_{\mathrm{go}}^{m+1}}{V_M} \qquad (4-59)$$

$$\tilde{t}_{\mathrm{go}} = t_f - t_2$$

因为 $t=t_2$ 为驻点,所以由 $\dot{\sigma}_L(t_2) = 0$,得

$$\frac{C_1(m+2)^2 \tilde{t}_{\mathrm{go}}^{m+1}}{V_M} = -\frac{C_2(m+1)^2 \tilde{t}_{\mathrm{go}}^m}{V_M} \qquad (4-60)$$

由式(4-59)和式(4-60)可得前置角在驻点的值为

$$\sigma_L(t_2) = \frac{C_2(m+1)\tilde{t}_{\mathrm{go}}^{m+1}}{V_M(m+2)} \qquad (4-61)$$

将式(4-30)代入式(4-61),得

$$\sigma_L(t_2) = \frac{(m+1)}{(m+2)}\frac{[y(0)(m+3)+v(0)t_f]}{V_M t_f^{m+2}}\tilde{t}_{\mathrm{go}}^{m+1} \qquad (4-62)$$

$$\tilde{t}_{\mathrm{go}} = \left(\frac{m+1}{m+2}\right)^2\frac{[y(0)(m+3)+v(0)t_f]}{[y(0)(m+2)+v(0)t_f]}t_f \qquad (4-63)$$

由式(4-62)可知:在初始条件满足 A 的情况下,$\sigma_L(t_2)$ 为正;而在初始条件满足 D 的情况下,$\sigma_L(t_2)$ 为负。综上可知引理得证。

由引理4.4和式(4-53)可知,视场角的最大数值将从比较以下两个值来获得,即

$$\lambda_{\max} = \max(\lambda_1,\lambda_2) \qquad (4-64)$$

$$\lambda_1 = \left|\frac{1}{V_M t_f}[y(0)+v(0)t_f]\right| + \alpha_{M,\max} \qquad (4-65)$$

$$\lambda_2 = \left|\frac{(m+1)}{(m+2)}\frac{[y(0)(m+3)+v(0)t_f]}{V_M t_f^{m+2}}\tilde{t}_{\mathrm{go}}^{m+1}\right| + \alpha_{M,\max} \qquad (4-66)$$

注意,λ_1 的值取在初始时刻,并且与制导增益无关。由假设条件(2)可知,λ_1 的值总是满足视场角极限范围之内。相反,可以通过这个方程来确定满足目标在视场范围内初值的选取条件,即

$$(\lambda_{\lim} - \alpha_{M,\max})V_M t_f \geq |y(0)+v(0)t_f| \qquad (4-67)$$

式中:$\lambda_{\lim}$ 为弹头的视场角的极限值。

λ_2 的取值时刻是末制导的中间时刻,所以需要设计恰当的制导律来满足视场角的要求。由式(4-66)可知,λ_2 的取值取决于末制导的初始条件、制导增益、飞行时间和导弹的速度。在满足视场角极限范围之内,可用 λ_2 的值来选取合适的制导增益。

4.2.4 制导增益的选择

选择不同的制导增益,TPG 就能够产生不同的弹道轨迹,并且任意的正实数都可以作为制导增益。TPG 的这种特性使得选取一个合适的制导增益变得困难但又有意义。有的制导增益在末制导段会导致很大的、不连续的制导指令,从而导致制导指令饱和或者使视场角超出视场范围而丢失目标。从实际应用角度来说,选取一个好的制导增益同时满足导弹执行机构的极限和弹头的视场限制显得尤为重要。

下面通过对制导指令和视场角的分析来选择制导增益。注意,对于给定的初始条件,制导指令和视场角的最大值是制导增益的函数,它们的大小与制导增益成比例关系,所以可以通过满足实际的限制来确定制导增益的大小。按照前面的思路,如果制导增益能够满足导弹最坏的末端条件,那么增益就能够满足所有的末制导条件。接下来通过最坏的末端条件来确定增益的选择范围。

如果导弹的制导指令极限值为 $a_{M,\max}$,那么由式(4-32)可得不等式方程为

$$a_{M,\lim} \geqslant \left| -\frac{(m+2)}{t_f^2 \cos\theta_{0,\max}} \left[y_{0,\max}(m+3) + 2V_M \sin\theta_{0,\max} t_f \right] \right| \quad (4-68)$$

整理式(4-68)可得关于 m 的二次不等式方程为

$$Am^2 + Bm + C \leqslant 0 \quad (4-69)$$

$$\begin{cases} A = y_{0,\max} \\ B = 5y_{0,\max} + 2V_M \sin\theta_{0,\max} t_f \\ C = 6y_{0,\max} + 4V_M \sin\theta_{0,\max} t_f - a_{M,\lim} \cos\theta_{0,\max} t_f^2 \end{cases} \quad (4-70)$$

通过求解式(4-69)可以得到满足制导指令极值的制导增益的上界,得到 m 的范围为

$$0 < m \leqslant \frac{-(5y_{0,\max} + 2V_M \sin\theta_{0,\max} t_f) + \sqrt{\Delta}}{2y_{0,\max}} \quad (4-71)$$

$$\Delta = (y_{0,\max} + 2V_M \sin\theta_{0,\max} t_f)^2 + 4a_{M,\lim} y_{0,\max} \cos\theta_{0,\max} t_f^2$$

为了满足终端时刻的加速度和加速度的导数都为零,制导增益的下界必须满足 $m \geqslant 1$。

由式(4-63)和式(4-66)满足弹头视场角极限的条件,得

$$\lambda_{\lim} \geqslant \frac{A_m}{V_M t_f} \left[y_{0,\max}(m+3) + V_M \sin\theta_{0,\max} t_f \right] + \alpha_{M,\max} \quad (4-72)$$

$$A_m \triangleq \left(\frac{m+1}{m+2} \right)^{2m+3} \left(\frac{y_{0,\max}(m+3) + V_M \sin\theta_{0,\max} t_f}{y_{0,\max}(m+2) + V_M \sin\theta_{0,\max} t_f} \right)^{m+1} \quad (4-73)$$

$y_{0,\max}$、$V_M \sin\theta_{0,\max} t_f$ 都是定值,所以 A_m 为 m 的函数,但是可以证明随着 m 的变化,A_m 的变化是可以忽略的,如图4-5所示,也就意味着 A_m 在式(4-72)中不起决定性作用,可以把它当作一个常数来处理。

解式(4-72)关于 m 的线性方程,可以得到满足视场角极限的制导增益上界为

$$0 < m \leqslant \frac{1}{y_{0,\max}} \left((\lambda_{\lim} - \alpha_{M,\max}) \frac{V_M t_f}{A_m} - 3y_{0,\max} - V_M \sin\theta_{0,\max} t_f \right) \quad (4-74)$$

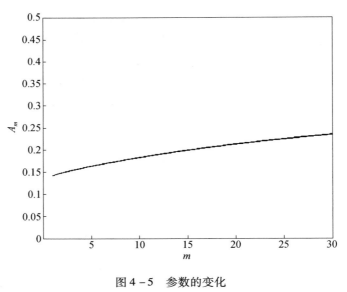

图 4 – 5 参数的变化

取

$$m_0 = \min\left[\frac{\sqrt{\Delta} - (5y_{0,\max} + 2V_M \sin\theta_{0,\max} t_f)}{2y_{0,\max}}, \frac{\left(\frac{V_M t_f (\lambda_{\lim} - \alpha_{M,\max})}{A_m} - 3y_{0,\max} - V_M \sin\theta_{0,\max} t_f\right)}{y_{0,\max}}\right]$$

所以制导增益选择的范围为 $1 \leqslant m \leqslant m_0$。

4.3 剩余时间估计方法

推导的制导律中的角度信息是可以通过弹上的仪器测得的,而剩余时间不能通过任何的设备直接得到,需要通过计算方法来估计。常用的方法是将弹目距离除以速度来近似剩余时间,这种方法对于比例导引律是比较精确的,但是对于满足终端各种约束的弯曲弹道来说误差较大。下面针对本章提出的制导律给出一种考虑弯曲弹道的剩余时间的计算方法。

通过将 $t \approx r/V_M, t_f \approx R_0/V_M, t_0 = 0$ 代入(4 – 21)的求导式中,可将其变成关于 $r \in [0, R_0]$ 的函数,即

$$\theta(r) = -C_3(n+2)(R_0 - r)^{n+1} - C_4(m+2)(R_0 - r)^{m+1} \quad (4-75)$$

$$C_3 = \frac{1}{(m-n)R_0^{n+1}}[(m+2)\sin\bar{q}_0 + \sin\theta_0]$$

$$C_4 = \frac{1}{(n-m)R_0^{m+1}}\big[(n+2)\sin\bar{q}_0 + \sin\theta_0\big]$$

从 t_0 到 t_f 时刻曲线轨迹的长度近似为

$$S(0) = \int_0^{R_0}\sqrt{1+\tan^2\big[\theta(r)-\bar{q}_0\big]}\,\mathrm{d}r = \int_0^{R_0}\sec\big[\theta(r)-\bar{q}_0\big]\mathrm{d}r$$

$$= \int_0^{R_0}\Big\{1 + \frac{\big[\theta(r)-\bar{q}_0\big]^2}{2!} + \frac{5\big[\theta(r)-\bar{q}_0\big]^4}{4!} + \cdots\Big\}\mathrm{d}r$$

$$\approx R_0 + \frac{1}{2}\int_0^{R_0}\theta^2(r)\mathrm{d}r - \bar{q}_0\int_0^{R_0}\theta(r)\mathrm{d}r + \frac{1}{2}\bar{q}_0^{\,2}R_0 \qquad (4-76)$$

将式(4-75)代入式(4-76),得

$$S(0) = R_0\Big\{1 + P_1\Big[\big(\tfrac{1}{2}\sin\theta_0 - P_2\sin\bar{q}_0\big)^2 + P_3\sin^2\theta_0\Big] - \tfrac{1}{2}\sin^2\bar{q}_0\Big\}$$

$$(4-77)$$

$$P_1 = \frac{1}{(2m+3)(2n+3)(m+n+3)}$$
$$P_2 = (m+2)(n+2)$$
$$P_3 = \big(m+\tfrac{3}{2}\big)\big(n+\tfrac{3}{2}\big)$$

因为导弹的速度为常值,可得剩余时间的表达式为

$$t_{go} = \frac{S(t)}{V_M} = \frac{R}{V_M}\Big\{1 + P_1\Big[\big(\tfrac{1}{2}\sin(\theta_M-\theta_f) - P_2\sin(q-\theta_f)\big)^2 + $$

$$P_3\sin^2(\theta_M-\theta_f)\Big] - \tfrac{1}{2}\sin^2(q-\theta_f)\Big\} \qquad (4-78)$$

式中:R,θ_M,q 为时间变量函数。

4.4 数值仿真与分析

为检验推导的剩余时间多项式制导律的有效性、通用性和适用性,下面分几种不同的情况进行数值仿真和分析。

4.4.1 末制导律的性能仿真

为了验证本章推导的剩余时间多项式制导律的基本性质,对选取不同增益的情况进行数值仿真,仿真中的初始参数如表4-1所列。制导增益的选取中前面的数字表示为 m 的值,后面表示的是 n 的值,仿真结果如图4-6所示。

表 4 – 1   仿真中的初始参数

参　　数	数值/单位
导弹初始位置 $X_M(0)$，$Y_M(0)$	$(0,1000)$ m
目标初始位置 $X_T(0)$，$Y_T(0)$	$(4000,0)$ m
导弹速度 V_M	200m/s
目标速度 V_T	0m/s
初始弹道倾角 $\theta_M(0)$	0°
期望的终端落角 θ_f	$-45°$
制导增益的选取 m,n	TPG – 01，TPG – 12，TPG – 13，TPG – 23

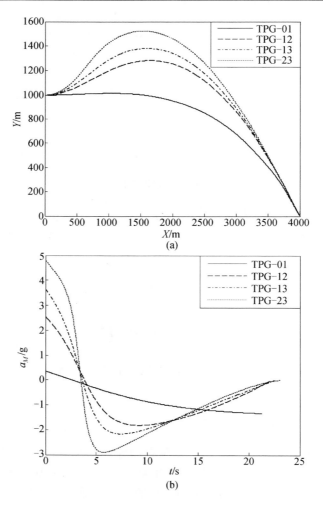

66

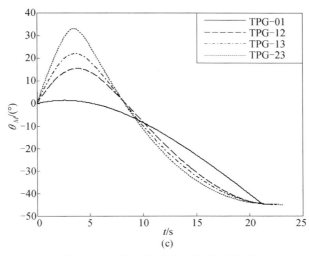

图 4 - 6   不同制导增益下的仿真结果

(a) 弹道轨迹; (b) 制导指令; (c) 弹道倾角。

仿真结果表明,对于不同的制导增益,导弹都能够满足终端落角约束,以期望的终端落角攻击目标。由图 4 - 6(a) 的弹道轨迹可以看出,制导增益越大,弹道越弯曲。由图 4 - 6(b) 可知:当 $n > m > 0$ 时,导弹的末端制导指令渐近的收敛到零;而当 $n = 1, m = 0$ 时,末端制导指令非零,并且导弹的轨迹比较平滑。制导增益选择 $n = 3, m = 2$ 时制导指令收敛速度比选择其他制导增益时的速度要快,因为在这种情况下制导指令在末制导初段较大,导弹很快收敛到期望的落角上去,在后半段导弹做直线飞行。

图 4 - 7 给出了在落角坐标系中不同增益情况下导弹的法向脱靶量和法向速度的仿真结果。由图可知,当导弹击中目标时,法向脱靶量和法向速度都收敛到零,表明推导的制导律很好地满足了终端落角约束。制导增益越大,收敛到零的速度越快。

4.4.2   仿真对比

为了体现本章推导的基于剩余时间多项式制导律相比文献[78]基于小角度线性化下推导带落角约束的制导律的特点和优势,以及本章对剩余时间的估计相对文献推导的剩余时间估计的准确性,分三种情况进行数值仿真对比,即:①小角度情况;②大角度情况;③剩余时间估计。

1. 终端落角为小角度情况

仿真条件如表 4 - 1 所列,此时落角选为 $\theta_M(t_f) = -30°$ 和 $\theta_M(t_f) = -45°$ 两

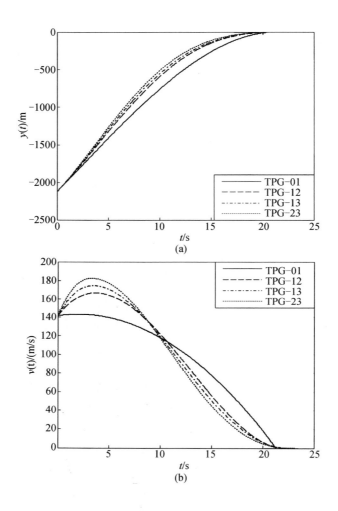

图 4 - 7　不同增益下的法向脱靶量和速度

（a）法向脱靶量；（b）法向速度。

种情况。由于文献[78]中制导增益取 $m = 1, n = 2$ 和 $m = 2, n = 3$ 时结果较理想，所以此处选取这两种情况的增益进行仿真比较。仿真结果如图 4 - 8 和图4 -9所示。

　　由图4 - 8 可知,终端落角为 - 30°时的仿真结果与文献[78]的仿真结果几乎没有差别,表明在这种终端落角约束条件下基于小角度线性化的假设是可行的。

68

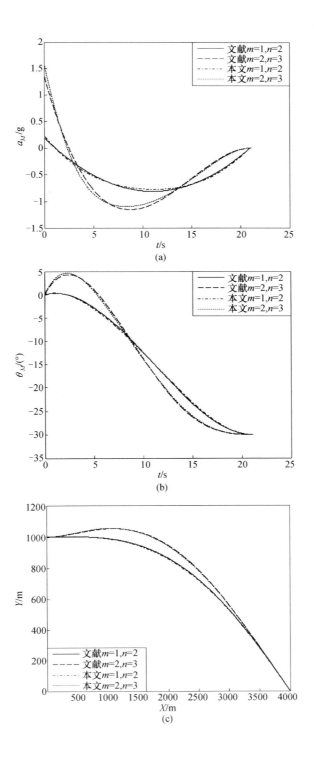

(a)

(b)

(c)

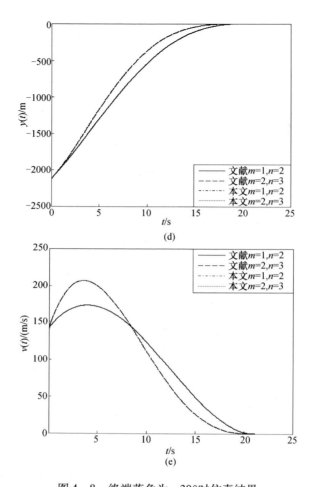

图 4 - 8　终端落角为 - 30°时仿真结果

（a）制导指令；（b）弹道倾角；（c）弹道轨迹；（d）法向脱靶量；（e）法向速度。

如图 4 - 9 所示，落角为 - 45°时，文献[78]在末制导初段基于小角度线性化假设下的误差较大，随着弹道倾角渐近地趋近于终端落角，误差渐渐变小，最终也能以期望的终端落角击中目标。而本章的制导指令在初始时较大，弹道倾角以比文献[18]更快的速度收敛到期望的落角上去。

综合上述两种情况可知，本章的制导律在末制导初段修正误差的速度更快，当时间受到限制时本章的制导将更具有优势。

2. 终端落角为大角度情况

设导弹初始位置为（0m，5000m），目标位置为（1300m，0m），导弹速度200m/s，初始弹道倾角为0°，期望的落角为 - 90°。仿真结果如图 4 - 10 所示。

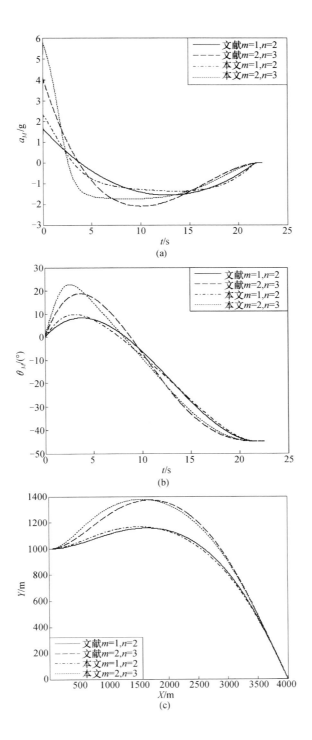

(a)

(b)

(c)

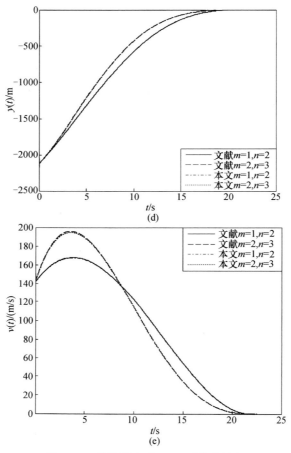

图 4 - 9 终端落角为 -45°时仿真结果

(a) 制导指令;(b) 弹道倾角;(c) 弹道轨迹;(d) 法向脱靶量;(e) 法向速度。

图 4 - 10 中的结果表明,文献[78]对于大角度情况下基于小角度线性化的误差较大,尤其是末制导段的初始弹道误差较大,导弹的弹道倾角收敛速度慢而且出现了超调。而本章的制导律在制导初段落角误差较大时,导弹以较大的过载修正落角误差,导弹的弹道倾角更快且单调地收敛到落角,最终以期望的落角打中目标。从图 4 - 10(b)可见,导弹的加速度渐进收敛到零,满足了加速度约束的要求。

3. 剩余时间估计

剩余时间估计的准确性对制导律有着非常重要的作用,本章针对落角约束的弯曲弹道提出了一种计算剩余时间的方法。下面通过数值仿真与文献[78]基于小角度线性化下的剩余时间估计方法进行比较。文献[78]对剩余时间估

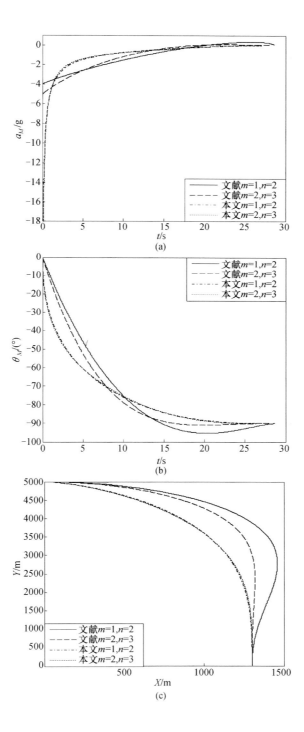

(a)

(b)

(c)

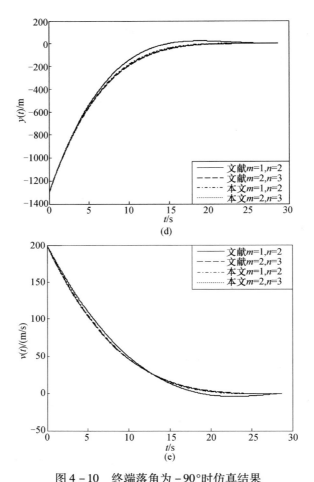

图4-10 终端落角为-90°时仿真结果

(a) 制导指令;(b) 弹道倾角;(c) 弹道轨迹;(d) 法向脱靶量;(e) 法向速度。

计如式(4-79)所示,仿真中t_{go}的真值是由仿真的最终时间减去时间t得到的。仿真条件选择终端落角为大角度的情况,仿真结果如图4-11所示。

$$t_{go} = \frac{S(t)}{V_M} = \frac{R}{V_M}\left\{1 + P_1\left[\left(\frac{1}{2}(\theta_M - \theta_f) - P_2(q - \theta_f)\right)^2 + P_3(\theta_M - \theta_f)^2\right] - \frac{1}{2}(q - \theta_f)^2\right\}$$

(4-79)

$$P_1 = \frac{1}{(2m+3)(2n+3)(m+n+3)}$$

$$P_2 = (m+2)(n+2)$$

$$P_3 = \left(m + \frac{3}{2} \right) \left(n + \frac{3}{2} \right)$$

如图 4 - 11 所示,本章的剩余时间估计算法和 t_{go} 的真值的误差较小,表明本章的算法很好地估计了剩余时间的值。而文献[78]由于在末制导初段落角误差较大,基于小角度情况下的误差比较大,所以导致对剩余时间估计的误差较大。

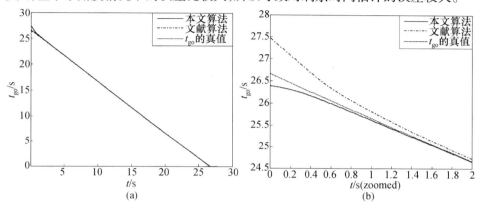

图 4 - 11   剩余时间估计

(a) 剩余时间估计;(b) 局部放大。

4.4.3   制导增益选取方法的验证

本节通过仿真验证前面推导的选择制导增益的方法。假设制导命令和视场角的极限值分别为 $a_{min} = \pm 6g, \lambda_{lim} = \pm 40°$,攻角最大值为 $10°$,导弹飞行速度为 $200m/s$,弹目初始距离 $R_0 = 3000m$,飞行时间近似为 $t_f = R_0/V_M = 15s$。

由式(4 - 67)可知,当满足以下初始条件时,能够使目标在初始时刻在导弹的视场范围之内,即

$$|y(0)| \leqslant 500m \quad |\theta(0)| \leqslant 20° \qquad (4 - 80)$$

仿真的初始条件选择为 $y(0) = 500m, \theta(0) = 20°$,所以此时由式(4 - 71)和式(4 - 74)可得满足制导指令和视场角限制的制导增益为

$$0 \leqslant m \leqslant 1.19 \quad 0 \leqslant m \leqslant 5.86$$

所以选取 m 的值为 1.19。期望的落角定义为 $-45°$,仿真结果如图 4 - 12 所示。

图 4 - 12 中结果表明,导弹的最大制导指令和视场角分别为 $-5.8g$ 和 $-36.6°$,表明导弹很好地满足了制导指令、视场角的要求,以期望的落角方向攻击目标,法向脱靶量和法向速度都趋近于零。所以,本章提出的制导增益的选择能够满足各种约束要求。

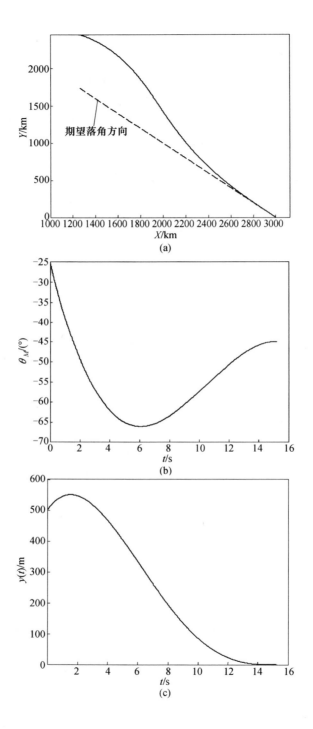

(a)

(b)

(c)

76

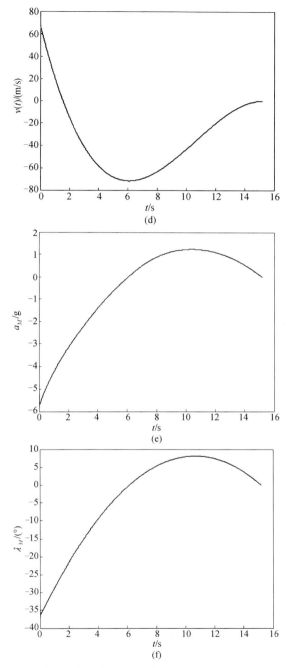

图 4 - 12　终端落角为 - 45°时仿真结果

（a）弹道轨迹；（b）弹道倾角；（c）法向脱靶量；（d）法向速度；（e）制导指令；（f）视场角。

4.5 本 章 小 结

本章综合考虑了脱靶量、落角、加速度等约束条件,运用反馈线性化将非线性方程线性化,针对线性方程设计了基于剩余时间多项式末制导律,并且考虑了导弹制导指令以及视场角的限制。求解了闭环形式的轨迹解,了解了制导指令和视场角的特性,通过制导指令和视场角的限制条件求解了制导增益的选择方法,最后求解了剩余时间估计方法。通过弹道仿真和对比试验,得到以下基本结论:

(1)该末制导律能够满足任意落角条件下的高精度制导,比基于小角度假设条件下推导的末制导律精度更高,适应性更广。

(2)设计过程中考虑了终端加速度和加速度导数为零的要求,使得导弹末端攻角很小,基本可以实现零攻角入射,对提高导弹的打击能力和抗干扰能力有重要的意义。

(3)制导律在早期落角误差较大时修正能力较强,落角较快地收敛到期望的落角,在末端弹道相对平直。

(4)剩余时间估计算法比较精确,对提高基于剩余时间的末制导律的性能比较有利。

(5)针对本章设计的末制导律求解了制导指令和视场角的在末制导段的最大值,并根据制导指令和视场角的极限值求解了满足要求的制导增益的范围,通过这些条件可以设计更符合实际情况的末制导律。

第5章 多约束条件下针对运动目标的偏置比例导引律

第3、4章都是针对静止目标的情况,本章研究针对运动目标的末制导律。

比例导引律是应用于战术导弹的一种有效的寻的制导律,经过几十年的发展和创新,出现了多种比例导引的变化形式。按照指令加速度的不同作用方向,比例导引律可分为纯比例导引[159-161](Pure Proportional Navigation, PPN)、真比例导引[162,163](True Proportional Navigation, TPN)、广义比例导引[164](Generalized Proportional Navigation, GPN)以及理想比例导引[165](Ideal Proportional Navigation, IPN)等,而偏置比例导引[24,25](Biased Proportional Navigation, BPN)是比例导引的另一种变化形式,它是在比例导引的基础上添加了一个偏置项,通过选择不同的偏置项来满足不同的约束条件,如控制终端角度、终端时间等。

文献[24]针对以一定的角度攻击静止目标的问题,提出了两阶段偏置比例导引的方法,在末制导初段应用包含常值偏置项的BPN,当偏置项对时间的积分达到一定的数值时(该值可通过初始条件和期望的落角求得)去掉偏置项;BPN转化为PN,最终能够使导弹以期望的落角攻击目标。该两阶段制导方法只需要视线角速率的信息,即可对落角进行控制,可以应用到无源导弹末制导系统中,但是文献[24]的方法存在着一些不足。首先,只是针对静止的目标,对于运动目标没有考虑;其次,当导弹的过载能力有限时,会产生较大的脱靶量或者角度误差;最后,在第一阶段中,大的视场角可能会导致目标的丢失,从而导致跟踪的失败。

本章将针对文献[24]中存在的问题进行改进,提出一种以期望的角度攻击运动目标的偏置比例导引,并且考虑导弹过载和视场角的限制。首先,推导出两种不同制导形式的BPN,并且针对非机动目标和机动目标设计两种不同形式的偏置项;然后,根据过载和视场角的限制,分两种不同的情况对偏置项进行修正,并通过分段应用不同的偏置项从而使导弹能够在较小的过载下以较大的角度攻击目标。

5.1 采用偏置比例导引的间接撞击角度控制

5.1.1 偏置比例导引的一般描述

图 5-1 所示为二维平面内导弹攻击运动目标的几何关系图。

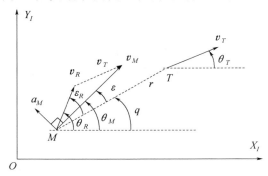

图 5-1 弹目几何关系图

图 5-1 中:目标速度 v_T 为常值;θ,v 分别表示为弹道倾角和速度;下标"M"、"T"分别对应导弹和目标;下标 R 表示对应的相对运动变量;$q,\varepsilon,\varepsilon_R,r$ 分别表示视线角、前置角、相对速度的前置角和弹目距离;a_M 为导弹的法向加速度,即控制量、导引指令。角度的方向为逆时针方向时,角度为正。定义导弹纵轴与视线的夹角为导引头视场角。

本章中假设导弹在飞行过程中攻角很小且可忽略,则导引头视场角近似等于导弹速度前置角 ε,则视场角 ψ 可以表示为 $\psi = \theta_M - q$。

当目标速度 $v_T = 0$,导弹速度和相对速度重合,传统比例导引的导弹速度弹道倾角变化率为 $\dot{\theta}_M = N\dot{q}$,$N$ 为比例导引系数。而偏置比例导引是在传统比例导引的基础上添加一个偏置项 b,偏置比例导引律的导弹速度弹道倾角的变化率为

$$\dot{\theta}_M = N\dot{q} + b \qquad (5-1)$$

导弹的控制量为

$$a = v_M \dot{\theta}_M$$

通过偏置项的引入,能够改变弹道轨迹,满足特定的约束条件。

当目标速度 $v_T \neq 0$ 时,如果能够准确获得目标速度的信息,就可以求解出导弹相对目标的相对速度 v_R。这样对于相对速度而言,目标是静止的,此时导弹

相对速度的方向角变化率为

$$\dot{\theta}_R = N\dot{q} + b \qquad (5-2)$$

导弹的控制量为

$$a = v_M\dot{\theta}_M$$

此时通过不同的制导方法寻找 $\dot{\theta}_R$ 和 $\dot{\theta}_M$ 的关系来求解目标运动情况下的导弹控制量。

5.1.2 偏置比例导引律的求解

当目标匀速运动时,由图 5 - 1 可以得到几何关系为

$$\begin{cases} v_R\cos\theta_R = v_M\cos\theta_M - v_T\cos\theta_T \\ v_R\sin\theta_R = v_M\sin\theta_M - v_T\sin\theta_T \end{cases} \qquad (5-3)$$

由于目标速度为常值,将式(5 - 3)分别对时间求导,得

$$\dot{v}_R\cos\theta_R - v_R\sin\theta_R\dot{\theta}_R = \dot{v}_M\cos\theta_M - v_M\sin\theta_M\dot{\theta}_M$$

$$\dot{v}_R\sin\theta_R + v_R\cos\theta_R\dot{\theta}_R = \dot{v}_M\sin\theta_M + v_M\cos\theta_M\dot{\theta}_M$$

式(5 - 3)经过几何运算,得

$$\begin{cases} v_M\dot{\theta}_M = \cos(\theta_R - \theta_M)v_R\dot{\theta}_R + \sin(\theta_R - \theta_M)\dot{v}_R \\ \dot{v}_M = -\sin(\theta_R - \theta_M)v_R\dot{\theta}_R + \cos(\theta_R - \theta_M)\dot{v}_R \end{cases} \qquad (5-4)$$

或

$$\begin{cases} v_R\dot{\theta}_R = \cos(\theta_R - \theta_M)v_M\dot{\theta}_M - \sin(\theta_R - \theta_M)\dot{v}_M \\ \dot{v}_R = \sin(\theta_R - \theta_M)v_M\dot{\theta}_M + \cos(\theta_R - \theta_M)\dot{v}_M \end{cases} \qquad (5-5)$$

由于式(5 - 4)和式(5 - 5)是通过几何关系运算推导出来的,所以不管制导律的方向和大小,式(5 - 4)和式(5 - 5)都是成立的。

假设导弹在击中目前之前或者之前的一段时间内能够形成如图 5 - 2 所示的碰撞三角形,那么导弹就能够以期望的碰撞角攻击目标。

图 5 - 2 中:θ_f 为期望的碰撞角,定义为导弹终端速度的弹道倾角和目标速度的弹道倾角的差,即 $\theta_f = \theta_{Mf} - \theta_T$,终端相对速度的方向与视线角一致。图 5 - 2 中 A 点为碰撞点,假设导弹在到达 A 点($t = t_f$)之前的 t_p 时刻形成如图 5 - 2 所

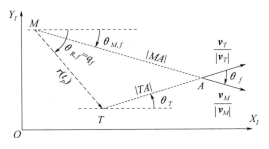

图 5 - 2　碰撞三角形

示的碰撞三角形,那么就有

$$r(t_p) = v_R(t_p)(t_f - t_p) \quad |MA| = v_M(t_p)(t_f - t_p)$$
$$|TA| = v_T(t_p)(t_f - t_p)$$

假设 $v_M > v_T$,则由几何关系可以得到相对速度的终端方向角为

$$\theta_{R,f} = \theta_T + \theta_f + \arcsin(\sin\theta_f v_T/v_{R,f}) \qquad (5-6)$$

如果终端相对速度的方向角能够满足以上方程,那么导弹就能够以期望的碰撞角攻击目标。由 5.1.1 节可知,此时假设相对速度的方向角变化率为

$$\dot{\theta}_R = N\dot{q} + b \qquad (5-7)$$

式中:N 为比例导引的比例系数;b 为偏置比例导引的偏置项。

导弹要以期望的碰撞角攻击目标,就必须在碰撞之前满足图 5 - 2 所示的碰撞三角形,而要形成碰撞三角形,则必须保证导弹的速度大小或者相对速度大小不变。下面分两种情况来设计本章的偏置比例导引制导律。

第一种情况是保证导弹的速度大小不变 $\dot{v}_M = 0$,则加速度的方向垂直于导弹速度方向,将 $\dot{v}_M = 0$ 和式(5-7)代入式(5-5)中可得导弹的法向加速度和轴向加速度分别为

$$\begin{cases} a_{M_1} = \dfrac{v_R(N\dot{q} + b)}{\cos(\theta_R - \theta_M)} \\ a_{M_2} = 0 \end{cases} \qquad (5-8)$$

式中:$a_{M_1} = v_M \dot{\theta}_M$,$a_{M_2} = \dot{v}_M = 0$。结合由 $\boldsymbol{v}_R, \boldsymbol{v}_M, \boldsymbol{v}_T$ 组成的矢量三角形(图 5 - 1),由于 $v_M > v_T$,所以 $|\theta_R - \theta_M| < 90°$,从而保证了式(5 - 8)中的制导律不会出现奇异现象。当导弹攻击的目标为静止目标时,满足 $\theta_R - \theta_M = 0$,此时制导律退变为 $a_{M_1} = v_R(N\dot{q} + b)$,与文献[24]中的制导律是一致的。

第二种情况是保证相对速度大小不变 $\dot{v}_R = 0$,此时加速度的方向垂直于导

弹相对速度方向,将 $\dot{v}_R = 0$ 和式(5-7)代入式(5-4),可以得到法向加速度和轴向加速度分别为

$$
\begin{cases}
a_{M_1} = v_R(N\dot{q} + b)\cos(\theta_R - \theta_M) \\
a_{M_2} = -v_R(N\dot{q} + b)\sin(\theta_R - \theta_M)
\end{cases}
\tag{5-9}
$$

由于此时的制导律只是保证相对速度大小不变,而导弹的速度是时变的,与传统的偏置比例导引律有一定的区别。

注:分析制导律式(5-8)和式(5-9)可知,当目标为静止目标或者缓慢移动目标时,$\theta_R - \theta_M = 0$,$\cos(\theta_R - \theta_M) = 1$,$\sin(\theta_R - \theta_M) = 0$,制导律式(5-8)和式(5-9)是一致的,也与文献[24]中的制导律是一致的。

5.1.3 导引运动闭环解

由图5-1中的几何关系,得

$$
\begin{cases}
\dot{r} = -v_M\cos(\theta_M - q) + v_T\cos(q - \theta_T) \\
r\dot{q} = -v_M\sin(\theta_M - q) - v_T\sin(q - \theta_T)
\end{cases}
\tag{5-10}
$$

和

$$
\psi_R = \theta_R - q
\tag{5-11}
$$

将式(5-10)分解合并,得

$$
\begin{cases}
\dot{r} = \cos q(v_T\cos\theta_T - v_M\cos\theta_M) + \sin q(v_T\sin\theta_T - v_M\sin\theta_M) \\
r\dot{q} = \cos q(v_T\sin\theta_T - v_M\sin\theta_M) + \sin q(v_M\cos\theta_M - v_T\cos\theta_T)
\end{cases}
\tag{5-12}
$$

将式(5-3)代入式(5-12)中,并结合式(5-11),得

$$
\begin{cases}
\dot{r} = -v_R\cos\psi_R \\
r\dot{q} = -v_R\sin\psi_R
\end{cases}
\tag{5-13}
$$

将式(5-11)对时间求导,并由式(5-7)和式(5-13),得

$$
\begin{cases}
\dot{r} = -v_R\cos\psi_R \\
\dot{\psi}_R = -(N-1)v_R\dfrac{\sin\psi_R}{r} + b
\end{cases}
\tag{5-14}
$$

令 $\chi = |\kappa| r$,$\kappa = b/v_R$ 为常数,$\mathrm{d}\tau = |b|\mathrm{d}t$,则式(5-14)和式(5-7)分别变为

$$
\begin{cases}
\dfrac{\mathrm{d}\chi}{\mathrm{d}\tau} = -\cos\psi_R \\
\dfrac{\mathrm{d}\psi_R}{\mathrm{d}\tau} = -(N-1)\dfrac{\sin\psi_R}{\chi} + \delta
\end{cases}
\tag{5-15}
$$

$$\frac{\mathrm{d}\theta_R}{\mathrm{d}\tau} = N\frac{\mathrm{d}q}{\mathrm{d}\tau} + \delta \qquad (5-16)$$

式中:变量 δ 表示偏置项 b 的符号,所以 $\delta = \pm 1$ 为常值。

观察式(5-15)会发现,式(5-15)的表达形式与文献[24]中的方程式(5)一致,只是这里的 ψ_R 为相对速度对应的视场角,而文献[24]中 ε 为导弹速度对应的视场角,也就意味着制导规律式(5-7)使得目标对于相对速度来说是静止的。根据实际情况 $\psi_R < |\pi|$,可以得到非线性方程(5-15)的平衡点为 $\{\chi_e, \psi_{R,e}\} = \left\{\delta(N-1), \frac{\pi}{2}\right\}$ 和 $\{\chi_e, \psi_{R,e}\} = \left\{\delta(1-N), -\frac{\pi}{2}\right\}$。由于弹目距离为正值,$N > 1$,所以第一个平衡点对应的 $N > 1, \delta = 1$,第二个平衡点对应的 $\delta = -1$。

将式(5-15)中的两个方程相除,得

$$\frac{\mathrm{d}}{\mathrm{d}\chi}\sin\psi_R = (N-1)\frac{\sin\psi_R}{\chi} - \delta \qquad (5-17)$$

当 $N \neq 2$ 时,通过求解一阶微分方程式(5-17),得

$$\sin\psi_R = c\chi^{N-1} + \frac{\delta}{N-2}\chi \qquad (5-18)$$

当 $N = 2$ 时,微分方程的解为 $\sin\psi_R = \chi(\delta\ln\chi + c)$,式中:$c$ 为积分常数。当 $N \leqslant 2$ 时可能会产生无穷大的制导指令[166,167],所以本章中只考虑 $N > 2$ 的情况。由文献[24]可知,积分常数 c 必须满足一定的条件才能击中目标,由于文献[24]已经做了详细的研究,在这里只给出满足条件的积分常数的范围,详细的推导过程可以参考文献[24]。当 $N = 3, \delta = 1$ 时,由方程式(5-18)求解到平衡点处的积分常数为

$$c_e = -\frac{1}{(N-1)^{N-1}(N-2)}$$

由文献[24]可知:当 $\delta = 1$,满足条件 $c > c_e, \chi < \chi_e$ 或者 $c < c_e, \psi_R < \pi/2$(当 $\delta = -1$,满足条件 $c < c_e, \chi < \chi_e$ 或者 $c > c_e, \psi_R > -\pi/2$)时,导弹的轨迹是收敛的。

注:导弹要有一个收敛的轨迹解,必须满足 $|\psi_R| < \pi/2$。而由图 5-2 中的碰撞三角形可知:当终端碰撞角度为定值时,由于目标速度为常值,故相对大的导弹速度就对应相对小的 $|\psi_R|$ 值;当导弹速度为常值时,相对大的终端碰撞角度就对应相对大的 $|\psi_R|$ 值。所以,在满足导弹轨迹收敛的前提下,当导弹的可用过载能够满足要求时,导弹的终端速度越大所能获得的终端碰撞角度就越大,这点在下面的仿真中将能得到验证。

由式(5-11)、式(5-15)、式(5-16)和式(5-18)可以得到相对速度的方

向角变化率为

$$\frac{\mathrm{d}\theta_R}{\mathrm{d}\tau} = -cN\chi^{N-2} - \frac{2\delta}{N-2} \qquad (5-19)$$

由式(5-19)可知,当偏置项在终端时刻不为零时,导弹在终端时刻的加速度也不为零。

5.1.4 偏置项的积分值

对式(5-7)求积分,得

$$\theta_{R,f} - \theta_{R,0} = N(q_f - q_0) + \int_0^{t_f} b\mathrm{d}t$$

由于终端相对速度的方向角和终端视线角相等,即 $q_f = \theta_{R,f}$,则有

$$\int_0^{t_f} b\mathrm{d}t = Nq_0 - \theta_{R,0} - (N-1)\theta_{R,f} \qquad (5-20)$$

令 $Nq_0 - \theta_{R,0} - (N-1)\theta_{R,f} = B_{\mathrm{ref}}$,则有

$$\int_0^{t_f} b\mathrm{d}t = B_{\mathrm{ref}} \qquad (5-21)$$

由式(5-6),得

$$B_{\mathrm{ref}} = Nq_0 - \theta_{R,0} - (N-1)(\theta_T + \theta_f + \arcsin(\sin\theta_f v_T/v_{R,f})) \quad (5-22)$$

偏置项积分值由比例系数 N、初始视线角 q_0、相对速度的初始方向角 $\theta_{R,0}$、目标的弹道倾角 θ_T、期望的碰撞角 θ_f、目标速度 v_T、终端相对速度 $v_{R,f}$ 决定。这些值中,只有终端相对速度未知,需要求解。当制导方式选择为第一种情况时,终端相对速度的大小可以通过碰撞三角形求解得到;而当制导方式选择为第二种情况时,相对速度的大小不变,终端相对速度大小与初始相对速度大小相等,通过求解初始值即可得到终端值。

上面仅得到了偏置项积分的值,为了实施制导律,还必须进一步求出偏置项。

5.1.5 偏置项的求解

由式(5-8)和式(5-9)可知,需要知道目标和导弹的相对速度,视线角变化率以及偏置项才能得到可执行的制导律。前两项都可以通过弹上仪器设备得到,而偏置项可以看作为一种控制输入,针对不同的制导方式分别确定其值。下面针对非机动目标和机动目标两种情况通过两种不同的方法来求解偏置项。

1. 针对非机动目标的偏置项求解

借鉴文献[24]中的方法,设计两阶段偏置项,其基本思想是:在第一阶段应

用有偏置项的偏置比例导引律,当式(5－21)成立时转化到无偏置项的纯比例导引律,偏置项变为零。

针对第一种情况的制导律,由于加速度与相对速度方向不垂直,v_R 在制导阶段是时变的,而由前面求解闭环轨迹解的过程可知,在制导过程中要求解到可行的轨迹解,需要保证 b/v_R 为常值,故在第一阶段中需要根据 v_R 的值来调整偏置项的值从而保证 b/v_R 不变;而第二种情况下导弹相对速度 v_R 不变,此时偏置项在第一阶段是不变的。

为了保证导弹在制导结束之前使得式(5－21)成立,必须设计合理的初始偏置项。由式(5－22)可以设计初始偏置项为

$$b_0 = \frac{Nq_0 - \theta_{R,0} - (N-1)(\theta_T + \theta_f + \arcsin(\sin\theta_f v_T/v_{R,f}))}{r_0/v_{R,0}} \quad (5-23)$$

注:由于带角度约束的弹道一般都比较弯曲,所以式(5－23)中的 $r_0/v_{R,0} < t_f$,这样式(5－23)设计的初始偏置项就能保证在击中目标之前使式(5－22)成立。

第一种情况中,随着相对速度的变化,为了保证 b/v_R 为常值,可以设计偏置项为

$$b = \frac{b_0 v_R}{v_{R,0}} \quad (5-24)$$

由于此时的偏置项只是相对速度的函数,相当于一个开环制导形式,所以只能攻击非机动目标。对目标机动的情况,由于不能够在碰撞之前形成如图5－2所示的碰撞三角形,故不能够准确地按照期望的碰撞角攻击目标。

2. 针对机动目标的偏置项求解

上面求解的偏置项只能针对非机动目标,下面求解能够攻击机动目标的偏置比例导引律。

对式(5－7)在 $\tau \in (t,t_f)$ 上积分,得

$$\int_t^{t_f} b(\tau)\mathrm{d}\tau = B_{\mathrm{ref}}(t) \quad (5-25)$$

$$B_{\mathrm{ref}}(t) = Nq(t) - \theta_R(t) - (N-1)(\theta_T(t) + \theta_f + \arcsin(\sin\theta_f v_T/v_{R,f}))$$

对于 $\tau \in (t,t_f)$ 时,取 $b(\tau) = b(t)$,那么由式(5－25)可以得到任意时刻偏置项的值为

$$b(t) = \frac{B_{\mathrm{ref}}(t)}{t_{\mathrm{go}}} \quad (5-26)$$

式中:$t_{\mathrm{go}} = t_f - t$,表示剩余时间。

由于剩余时间不能够直接测量,需要通过算法来估计,参考文献[19]中的

方法给出本章对应的剩余时间的估计算法为

$$t_{\mathrm{go}} \approx \frac{r}{v_R} \Big[1 + \frac{(q - \theta_R)^2}{2(2N - 1)} +$$

$$\frac{((\theta_R - \theta_{R,f}) + N(\theta_{R,f} - q))^2 + 3((\theta_R - \theta_{R,f}) + N(\theta_{R,f} - q))(q - \theta_R)}{3(N + 1)(2N - 1)} \Big]$$

$$(5 - 27)$$

此时的偏置项为 $q(t)$、$\theta_R(t)$、$\theta_T(t)$ 以及 $v_R(t)$ 等的函数,能够根据这些变量的值进行调整,对外界干扰和机动目标具有一定的适应能力。与两阶段偏置项对应,此时的偏置项称为一阶段偏置项。

5.1.6 仿真验证

仿真目的是验证推导的制导律式(5-8)和式(5-9)以及设计的偏置项对于以一定的角度攻击运动目标的有效性。为了描述方便,下面将包含两阶段偏置项的制导律式(5-9)记为 TBPN1,包含一阶段偏置项的制导律式(5-9)记为OBPN1,对应的将包含两阶段偏置项的制导律式(5-8)记为 TBPN2,包含一阶段偏置项的制导律式(5-8)记为 OBPN2。仿真分两种情况:第一种情况为匀速运动目标,终端碰撞角为 -30° 和 -60°;第二种情况为机动目标,终端碰撞角为 -30°。

1. 运动目标的仿真与分析

仿真初始条件如表 5-1 所列,仿真步长取为 0.01s。终端碰撞角为 -30°和 -60° 仿真结果如图 5-3 和图 5-4 所示。

表 5-1 仿真中的初始参数

参　数	数值/单位
导弹初始位置 $X_M(0)$,$Y_M(0)$	$(0,0)$ m
目标初始位置 $X_T(0)$,$Y_T(0)$	$(2000,1000)$ m
导弹速度 v_M	250m/s
目标速度 v_T	100m/s
导弹初始弹道倾角 $\theta_M(0)$	0°
期望的终端碰撞角 θ_f	$-30°,-60°$
目标的弹道倾角 $\theta_T(0)$	10°
比例导引系数 N	3

由图 5-3(a)和(b)可以看出,四种情况下导弹都能够以期望的碰撞角准确击中目标,一阶段偏置项对应的弹道轨迹要比两阶段偏置项对应的弹道轨迹

平滑，两阶段偏置项对应的弹目弹道倾角的差比一阶段偏置项对应的弹目弹道倾角的差较早地收敛到期望的碰撞角上去。由图5-3(c)和(d)能够清楚地看出两种制导律制导方式的不同，即：第一种轴向加速度为零，表明制导律对应的指令加速度垂直于导弹速度；而第二种法向和轴向都有加速度，表明制导律对应的指令加速度垂直于弹目相对速度。图5-3中结果表明，当碰撞角为-30°时

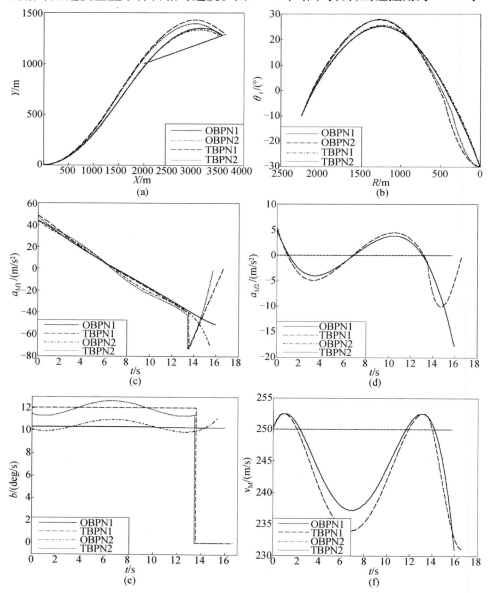

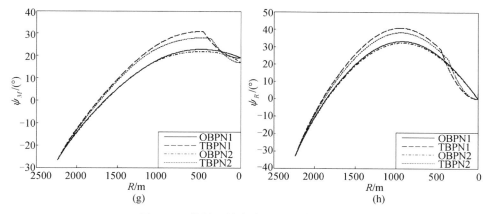

(g)   (h)

图 5 – 3　终端碰撞角为 – 30°时仿真结果

（a）弹道轨迹；（b）弹道倾角的差；（c）法向加速度；（d）轴向加速度；

（e）偏置项；（f）导弹速度；（g）视线角；（h）相视线角。

四种情况下的加速度都不大。由图 5 – 3(f) 中的导弹速度曲线能够看出,在 TB-PN1 和 OBPN1 下,导弹速度是时变的,并且导弹的终端速度要小于初始速度。

图 5 – 4 为终端碰撞角 – 60°的仿真结果。由图 5 – 3 可知,导弹能够以期望的碰撞角准确地攻击目标,与图 5 – 3 中小的碰撞角度的结果相比有以下几点不同:

（1）导弹的飞行高度增大;

（2）导弹的弹道更加弯曲,需要的指令加速度更大;

（3）导弹的速度在 BPN1 下下降更多。

比较图 5 – 3 和图 5 – 4 中的仿真结果可以看出,随着碰撞角度的增大,导弹的飞行高度在增大,导弹需要的偏置项值、导弹加速度以及视线角都在增大,TBPN1 和 OBPN1 下的导弹速度在变小。而过大的加速度或者视线角对导弹是

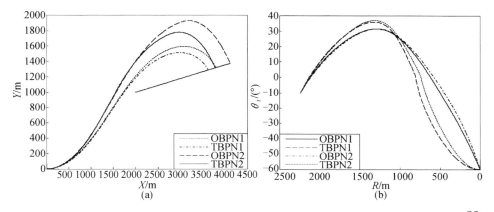

(a)   (b)

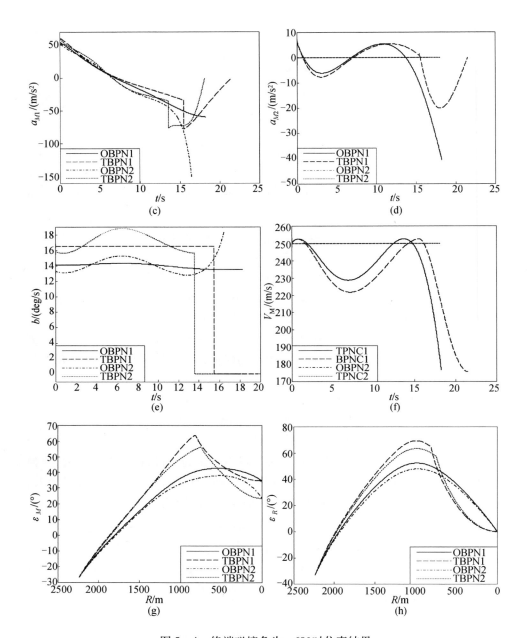

图 5 - 4 终端碰撞角为 -60°时仿真结果

（a）弹道轨迹；（b）弹道倾角的差；（c）法向加速度；（d）轴向加速度；

（e）偏置项；（f）导弹速度；（g）视线角；（h）相视线角。

不利的,即:过大的加速度可能超过导弹的实用过载从而造成精度的降低甚至脱靶;而过大的视线角有可能造成目标的丢失而导致制导的失败。

由仿真结果可见,相比于 BPN2,BPN1 在大的终端碰撞角度下存在两点不足。首先,导弹的终端速度较小,在终端碰撞角为 $-60°$ 情况下导弹的终端速度下降了 30%;其次,虽然 BPN1 下导弹的指令加速度相对较小,但是其方向垂直于相对速度,当无法准确获得目标的速度方向时就无法准确的确定指令加速度。但是在 OBPN2 下导弹的指令加速度较大,且 TBPN2 的视场角在末制导中段较大,所以对于大的终端碰撞角度情况下需要对 BPN2 进行改进,以满足过载和视场角的要求。

2. 机动目标的仿真与分析

由于两阶段偏置项对应的是开环制导方式,无法攻击机动目标,所以这里只考虑一阶段偏置项的制导方式,制导律选取为 OBPN1 和 OBPN2。仿真初始条件如表 5 - 1 所列,假设目标以 $-\dfrac{g}{2}\mathrm{m/s^2}$ 机动飞行。仿真结果如图 5 - 5 所示。

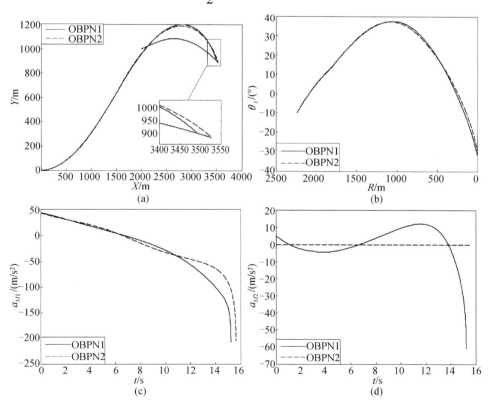

91

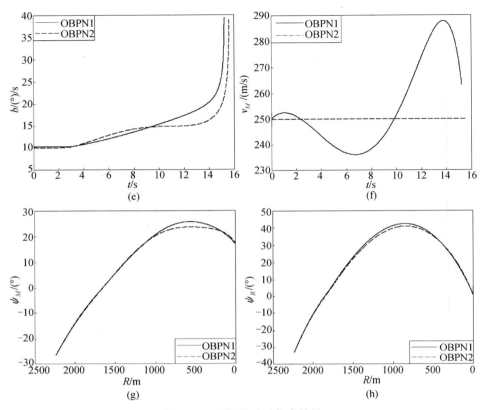

图 5-5 目标机动时仿真结果

（a）弹道轨迹；（b）弹道倾角的差；（c）法向加速度；（d）轴向加速度；

（e）偏置项；（f）导弹速度；（g）视线角；（h）相视线角。

对于目标机动的情况,由图 5-5 可知,在过载没有限制的情况下,导弹能够以较少的视场角攻击目标,终端碰撞角在 OBPN1 下的误差为2.29°,在 OBPN2 下的误差为0.04°。可见导弹在 OBPN2 能够很好地满足终端碰撞角约束,但是需要较大的偏置项,从而导致过载比较大,需要通过其他方法修正。

5.2 考虑导引头视场角和过载限制的攻击角度控制导引律

由 5.1 节的仿真结果可以看出,当终端碰撞角较大时,如果导弹的飞行高度越高,末端所需要的加速度就相对较小,而视场角则相对较大,所以要满足大的终端碰撞角且使导引指令不超过可用过载,可以在满足导引头视场限制的条件下增加导弹的飞行高度。

由于大的终端碰撞角度下 BPN1 的终端速度较小,所以接下来只考虑 BPN2 下的导引头视场角和过载限制的攻击角度控制导引律设计,分两种情况对两阶段和一阶段设计的偏置项进行改进。

5.2.1　针对非机动目标偏置项设计方法的改进

由 5.1.6 节的仿真结果可知,当碰撞角为大角度时,对于两阶段偏置项会产生大的视场角,而碰撞角为小角度的情况视场角都不大,应用 5.1 节的制导律即可,因此本节只讨论终端碰撞角为大角度的情况。

设导引头的最大视场角为 ψ_{max},则视场角 ψ 应满足

$$|\psi(t)| \leqslant \psi_{max} \qquad (5-28)$$

不考虑视场角限制的偏置项对应的制导律在大的终端攻击角情况下会导致大的视场角或者大的过载,因此需要对偏置比例导引中的偏置项进行改进,以满足视场角和过载能力的限制。

对两阶段偏置项的改进分三个阶段。偏置项的选择以及偏置项的积分值如图 5-6 所示。第一阶段制导律选择为导弹的最大过载 a_{max},此时的偏置项 $b = b_1(t)$ 可由式(5-8)求解,即

$$b_1(t) = (a_{max}\cos(\theta_R - \theta_M) - v_R N\dot{q})/v_R \qquad (5-29)$$

导弹在极限过载下能够快速增大视场角,当视场角到达极限值时进入第二阶段,此时 $t = t_0$,偏置项的积分值为 $B(t_0) = \int_0^{t_0} b_1 \mathrm{d}t$。

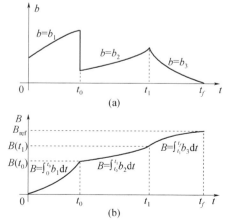

图 5-6　偏置项和偏置项积分值示意图
(a)偏置项;(b)偏置项积分值。

93

第二阶段应用保持最大的视场角不变的偏置项,令视场角的变化率为 $\dot{\psi} = \dot{\theta}_M - \dot{q} = N\dot{q} + b_2 - \dot{q} = 0$,求解得到偏置项为

$$b = b_2 = (1 - N)\dot{q} \qquad (5 - 30)$$

此时制导指令为 $a_M = v_M(N\dot{q} + b_2)$。

参考文献[25]中的思想,令

$$B_3(t) = \frac{1}{\tau_0}(B_{ref} - B(t))$$

式中:τ_0 为时间常数;$B(t) = \int_0^t b\mathrm{d}t = \int_0^{t_0} b_1\mathrm{d}t + \int_{t_0}^t b_2\mathrm{d}t$。

由于 $B(t)$ 随着时间的增大而增大,故 $B_3(t)$ 在不断减小,而 $b_2(t)$ 随着 $\dot{q}$ 的减小而增大,当 $t = t_1$ 时刻满足 $B_3(t_1) = b_2(t_1)$ 时进入第三阶段,此时偏置项的积分值为 $B(t_1) = \int_0^{t_1} b\mathrm{d}t = \int_0^{t_0} b_1\mathrm{d}t + \int_{t_0}^{t_1} b_2\mathrm{d}t$。为了保证在击中目标之前形成碰撞三角形,此时偏置项选择为

$$b_3(t) = \frac{(B_{ref} - B(t_1))}{\tau_0}\mathrm{e}^{-(t-t_1)/\tau_0} \qquad (5 - 31)$$

制导指令为 $a_M = \dfrac{v_R(N\dot{q} + b_3(t))}{\cos(\theta_R - \theta_M)}$。

注:通过选择式(5-31)的偏置项,可以求得第三阶段偏置项 b_3 的积分值为

$$B = \int_{t_1}^t \frac{(B_{ref} - B(t_1))}{\tau_0}\mathrm{e}^{-(\tau-t_1)/\tau_0}\mathrm{d}\tau = (1 - \mathrm{e}^{-(t-t_1)/\tau_0})(B_{ref} - B(t_1))$$

所以 $\int_0^t b\mathrm{d}t = B + B(t_1) = (1 - \mathrm{e}^{-(t-t_1)/\tau_0})B_{ref} + B(t_1)\mathrm{e}^{-(t-t_1)/\tau_0}$。当 $t \to \infty$ 时,$\mathrm{e}^{-(t-t_1)/\tau_0} \to 0$,所以 $b_3 \to 0$,$\int_0^t b\mathrm{d}t \to B_{ref}$。为了满足终端攻击角约束,必须使导弹在击中目标之前满足 $\int_0^t b\mathrm{d}t \to B_{ref}$,故需要选择充分小的 τ_0,由文献[25]可以推导出,当 τ_0 满足 $\tau_0 \leqslant \dfrac{r(t_1)}{7v_R(t_1)}$ 时就能保证当 $t \geqslant (7\tau_0 + t_1)$ 时 $\int_0^t b\mathrm{d}t = B_{ref}$。

5.2.2 针对机动目标偏置项设计方法的改进

由5.1.6节的仿真结果可知,当碰撞角为 $-60°$ 时,对于OBPN2,虽然视场角在整个制导阶段都没有超过40°,但是其末段的制导指令较大,达到了 $150\mathrm{m/s}^2$。要减少末段的制导指令,就必须增加弹道的垂直高度。与针对非机动目标时考虑视

场角和过载限制的偏置项求解类似,此时的偏置项改进也是分三个阶段,前两个阶段与 5.2.1 节确定偏置项方法相同,当 $r < r_0$(r_0 的取值可参考导弹和目标的相对速度,取一个经验值)时进入第三阶段,此时偏置项为 $b(t) = B_{\text{ref}}(t)/t_{\text{go}}$,剩余时间 t_{go} 由式(5 - 27)计算得到,由于末段弹道比较平滑,文献[19]基于小角度假设下推导的剩余时间计算公式此时误差较小,能够比较好地对剩余时间进行估计。

5.2.3 仿真验证

1. 运动目标的仿真与分析

为了验证改进后偏置比例导引律的制导性能,对改进前和改进后的制导律进行仿真比较,采用如下的仿真条件:初始条件如表 5 - 1 所列,导弹的最大视场角为 $\psi_{\max} = 45°$,最大法向加速度为 $a_{\max} = 10\text{gm/s}^2 = 98\text{m/s}^2$,终端碰撞角 $\theta_f = -60°$,其他参数选取为 $\tau = 3\text{s}$。为了描述方便,将改进离散型偏置项的制导律记为 ITBPN2,改进连续型偏置项的制导律记为 IOBPN2,仿真结果如图 5 - 7 所示。

仿真结果表明,改进后的导引律 ITBPN2 和 IOBPN2 都能够满足视场角和过载约束要求,均能实现对目标的精确打击并满足指定的攻击角度约束要求。OBPN2 由于在末段需用过载超过了极限值,导致了较大的终端攻击角度误差,

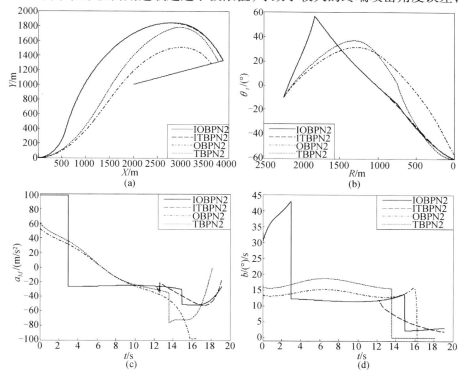

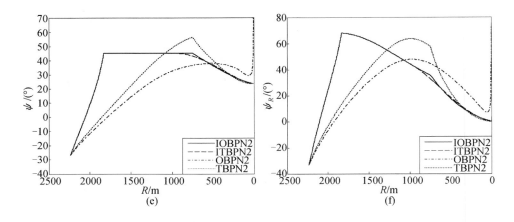

图 5 - 7　终端碰撞角为 - 60°时仿真结果

（a）弹道轨迹；（b）弹道倾角的差；（c）法向加速度；（d）轴向加速度；
（e）偏置项；（f）导弹速度；（g）视线角；（h）相视线角。

达到了3.62°,而 TBPN2 下视场角超过了极限值。

2. 机动目标的仿真与分析

为了验证改进后的 IOBPN2 对机动目标的制导性能,对改进前和改进后的导引律进行仿真比较。终端碰撞角假设为 $\theta_f = -30°$,其他仿真条件同上,仿真结果如图 5 - 8 所示。

对于目标机动的情况,由图 5 - 8 可知,在过载存在限制的情况下,导弹在 OBPN2 下虽然能够以较少的视场角攻击目标,但是终端碰撞角误差较大,达到了3.74°。而在 IOBPN2 下的误差为0.07°,并且相对视线角收敛到零,表明改进后的 IOBPN2 对于机动目标能够很好地满足终端角度、过载和视场角的约束要求,准确地命中目标。

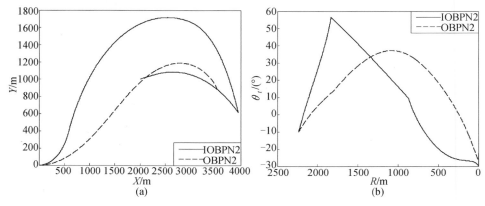

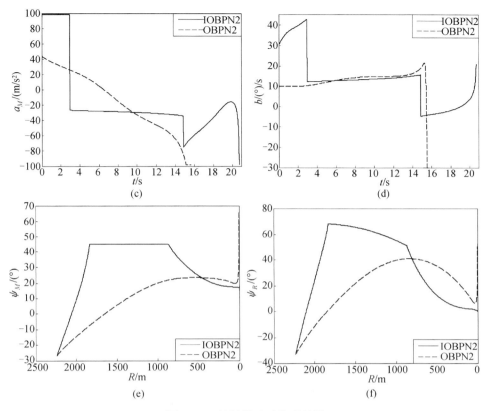

图 5 - 8　目标机动时仿真结果

（a）弹道轨迹；（b）弹道倾角的差；（c）法向加速度；（d）轴向加速度；
（e）偏置项；（f）导弹速度；（g）视线角；（h）相视线角。

5.3　本 章 小 结

　　为实现对运动目标的带有攻击落角约束和视场角约束的精确制导，通过在纯比例导引律的基础上添加偏置项的方式，提出了一种分别以垂直于导弹速度方向的法向加速度和垂直于相对速度方向的法向加速度为控制量的带有攻击角度约束的偏置比例导引律设计方法，主要工作和结论如下：

　　（1）针对运动目标，提出了一种修正的偏置比例导引律方法。与传统偏置比例导引律不同，建立了相对速度弹道倾角变化率与视线角变化率的关系。为了使导弹在命中目标之前或者之前一段时间内形成期望角度的碰撞三角形，设计了两种分别垂直于导弹速度和导弹相对速度的制导指令。通过闭环解求解了满足稳定轨迹的约束条件。

（2）针对非机动目标和机动目标的情况，设计了两阶段和一阶段两种形式的偏置项。借鉴参考文献中的方法，设计了两阶段的制导方式，通过角度约束条件的满足情况来判断偏置比例导引转化到比例导引的时间。由于该方法为开环制导，不具有抗外界干扰能力，不能攻击机动目标；应用剩余时间的概念，设计了一阶段偏置项的制导方式，该方法能够根据变量的值调整制导律，对外界干扰和机动目标具有一定的适应能力。

（3）提出了考虑视场角和过载限制的修正偏置比例导引律。为了限制导弹视场角和过载不超过对应的极限值，设计了三阶段偏置比例导引。改进后的末制导律能够在满足视场角约束的前提下以较小的过载、较大的攻击角度精确地攻击目标，对于机动目标，在满足约束条件下具有较高的精度。

第6章 轨迹优化的数学模型和多区间伪谱法的基本原理

本章介绍了含过载、动压、热流密度约束、终端状态约束及控制变量约束等条件下考虑地球自传的三自由度再入轨迹优化的数学模型。针对所给的多约束条件下轨迹优化模型,介绍了所采用的主要求解策略——多区间 Radau 伪谱方法,包括:多区间连续时间最优控制问题的一般性描述;利用 Radau 伪谱法将多区间最优控制问题转化为非线性规划问题;Radau 伪谱法求解多区间最优控制问题的基本框架。

6.1 多约束条件下的再入轨迹优化模型

6.1.1 三自由度再入运动模型

考虑地球为旋转球体、侧滑角为零,高超声速再入飞行器三自由度运动学和动力学方程为

$$
\begin{cases}
\dfrac{\mathrm{d}r}{\mathrm{d}t} = V\sin\gamma \\[2mm]
\dfrac{\mathrm{d}\theta}{\mathrm{d}t} = \dfrac{V\cos\gamma\cos\psi}{r\cos\phi} \\[2mm]
\dfrac{\mathrm{d}\phi}{\mathrm{d}t} = \dfrac{V\cos\gamma\sin\psi}{r} \\[2mm]
\dfrac{\mathrm{d}V}{\mathrm{d}t} = -\dfrac{D}{m} - g\sin\gamma + \Omega^2 r\cos\phi\,(\sin\gamma\cos\phi - \cos\gamma\cos\psi\sin\phi) \\[2mm]
\dfrac{\mathrm{d}\gamma}{\mathrm{d}t} = \dfrac{L\cos\sigma}{mV} + \left(\dfrac{V}{r} - \dfrac{g}{V}\right)\cos\gamma + 2\Omega\cos\phi\sin\psi + \dfrac{\Omega^2 r}{V}\cos\phi(\cos\gamma\cos\phi - \sin\gamma\sin\phi\cos\psi) \\[2mm]
\dfrac{\mathrm{d}\psi}{\mathrm{d}t} = \dfrac{L\sin\sigma}{mV\cos\gamma} + \dfrac{V}{r}\cos\gamma\sin\psi\tan\phi - 2\Omega(\tan\gamma\cos\phi\cos\psi - \sin\phi) + \dfrac{\Omega^2 r}{V\cos\gamma}\sin\phi\cos\phi\sin\psi
\end{cases}
$$

$$(6-1)$$

式中:$g = \mu / r^2$ 为重力加速度;$r = R_E + h$ 为飞行器到地心的距离;θ 为经度;ϕ 为纬度;V 为速度;γ 为飞行路径角;ψ 为航向角;σ 为倾侧角。

式(6-1)中各参数的定义如图6-1所示。

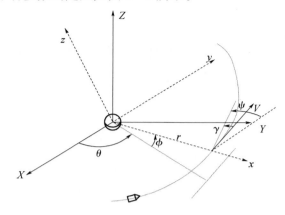

图6-1 球面坐标参数示意图

升力 L 和阻力 D 分别为

$$\begin{cases} L = \dfrac{1}{2}\rho(r)V^2 C_L(\alpha,M(V,r))S_{ref} = \dfrac{1}{2}(\rho_0 e^{-(r-r_0)/H})V^2 C_L(\alpha,M(V,r))S_{ref} \\ D = \dfrac{1}{2}\rho(r)V^2 C_D(\alpha,M(V,r))S_{ref} = \dfrac{1}{2}(\rho_0 e^{-(r-r_0)/H})V^2 C_D(\alpha,M(V,r))S_{ref} \end{cases}$$

$$(6-2)$$

式中：$q = \dfrac{1}{2}\rho(r)V^2$ 为动压；$\rho(r) = \rho_0 e^{-(r-r_0)/H}$ 为大气密度；C_L 为升力系数；C_D 为阻力系数。

升力系数和阻力系数均表示为攻角 α 和马赫数的函数，即

$$C_L(\alpha,M(V,r)) = a_0 + a_1\alpha + a_2 M$$

$$C_D(\alpha,M(V,r)) = b_0 + b_1\alpha + b_2\alpha^2 + b_3 M$$

各系数由附录 A 中的数据采用最小二乘法插值得到。

为限制执行机构的变化速率，增加仿真的真实性，参考文献[168]和[169]，将攻角速率和倾侧角速率作为"虚拟"控制量，即

$$u_1 = \dot{\alpha} \quad u_2 = \dot{\sigma}$$

而将原控制变量 α 和 σ 作为新的状态变量加入到原运动方程中，即

$$\dot{\alpha} = u_1 \quad \dot{\sigma} = u_2 \qquad (6-3)$$

因此，由式(6-1)构成的 6 状态运动学与动力学方程可改写为 8 状态的运动学与动力学方程，其向量形式的状态空间 X 和控制空间 U 定义为

100

$$X = \begin{bmatrix} r & \theta & \phi & V & \gamma & \psi & \alpha & \sigma \end{bmatrix}^{T}$$
$$U = \begin{bmatrix} u_1 & u_2 \end{bmatrix}^{T}$$

6.1.2 约束条件

1. 过程约束

为保证飞行器在结构和热防护性能上的可靠性,高超声速飞行器在再入过程要求严格满足热流、动压和过载约束。

1) 热流密度约束

飞行器在再入飞行过程中首先遇到的是气动加热问题,大的气动热将会造成真实的气体效应,影响飞行器机体耐热材料的承受范围。由于驻点是气动加热较为严重的区域,因此为便于研究,仅将驻点热流密度作为气动热的约束条件,即

$$\dot{Q} = k\sqrt{\rho(r)}V^{3.15} \leqslant \dot{Q}_{max} \qquad (6-4)$$

2) 法向过载约束

由于在实际飞行过程中,大的飞行载荷会影响着飞行器的结构强度、设备的承受范围,故需要对飞行器的法向过载加以限制,即

$$n = |L\cos\alpha + D\sin\alpha| \leqslant n_{Zmax} \qquad (6-5)$$

3) 动压约束

随着飞行器飞行高度的下降,空气密度将逐渐增大,这将导致动压的迅速增大。过大的动压将会对飞行器的机体结构和表面的热防护材料产生威胁,使铰链矩过大、增加执行机构的重量。同时,动压还影响着控制系统的稳定性和侧向稳定性。因此,要对动压的极限值加以限制。设再入过程中的动压需要满足如下约束条件,即

$$q = \frac{1}{2}\rho(V)^2 \leqslant q_{max} \qquad (6-6)$$

2. 终端约束

以到达指定目标点(终端地理位置的经度、纬度)为终端目标,即

$$\theta(t_f) = \theta_f \quad \phi(t_f) = \phi_f \qquad (6-7)$$

同时,为提高末制导段的精度,在再入段结束时引入如下终端约束条件,即

$$h(t_f) \geqslant h_f \quad V(t_f) \geqslant V_f \quad \gamma(t_f) < \gamma_f \qquad (6-8)$$

3. 控制变量约束

飞行过程中控制变量受到了飞行器结构与姿态控制系统的限制。为避免飞

行失控,整个飞行过程中攻角和倾侧角不能过大,其变化也不能过于剧烈[129],因此需要对攻角和倾侧角的大小及变化率施加约束。此处考虑如下的控制约束条件为

$$\begin{cases} |\alpha| \leqslant |\alpha_{max}| & |\sigma| \leqslant |\sigma_{max}| \\ |\dot{\alpha}| \leqslant \dot{\alpha}_{max} & |\dot{\sigma}| \leqslant \dot{\sigma}_{max} \end{cases} \quad (6-9)$$

6.1.3 目标函数

热防护问题是高超声速飞行器设计中的难点之一。对于到达指定目标点的再入轨迹优化问题来说,一个重要指标就是减小气动热,以降低热防护系统的重量,增加有效载荷比重,因此可以选取再入过程中的气动热作为优化的性能指标。当然,根据不同的优化需求,也可选取飞行时间最短、再入射程(或横程)最大作为优化的性能指标。根据再入飞行器的特点及飞行任务的不同,本章主要考虑以下两种形式的目标函数。

(1)以再入过程中的热载作为优化性能指标,即

$$J = Q_s = \int_{t_0}^{t_f} \dot{Q} \mathrm{d}t$$

(2)作为攻击型武器时,以到达固定目标点的飞行时间最短为优化性能指标,即

$$J = \mathrm{min} t_f$$

6.2 多区间非线性最优控制问题

6.1 节的复杂多约束条件下的轨迹优化问题,从数学本质上看可抽象为求解包含微分—代数约束和不等式约束的一类非线性最优控制问题,通常情况下是指单区间连续时间最优控制问题。文献[127]给出了多区间非线性最优控制问题的概念(类似于多阶段最优控制问题的定义)和多区间伪谱离散化方法,本节将其应用于 6.1 节的复杂多约束条件下的再入轨迹优化问题中。

6.2.1 多区间非线性最优控制问题的一般性描述

单区间连续时间最优控制问题是指,定义状态变量 $\boldsymbol{x}(t) \in \mathbf{R}^n$ 和控制变量 $\boldsymbol{u}(t) \in \mathbf{R}^m$,使如式(6-10)所示的 Bolza 型代价函数在满足动态约束、路径约束、边界约束的条件下达到最小化[169],即

$$J = \boldsymbol{\Phi}[\boldsymbol{x}(t_0), t_0, \boldsymbol{x}(t_f), t_f] + \int_{t_0}^{t_f} g[\boldsymbol{x}(t), \boldsymbol{u}(t), t] \mathrm{d}t \quad (6-10)$$

动态约束

$$\dot{\boldsymbol{x}} = \boldsymbol{f}(\boldsymbol{x}(t), \boldsymbol{u}(t)) \tag{6-11}$$

路径约束

$$C(\boldsymbol{x}(t), \boldsymbol{u}(t), t) \leqslant \boldsymbol{0} \tag{6-12}$$

边界条件(事件)约束

$$\phi(\boldsymbol{x}(t_0), t_0, \boldsymbol{x}(t_f), t_f) = \boldsymbol{0} \tag{6-13}$$

式中:$\boldsymbol{f}: \mathbf{R}^n \times \mathbf{R}^m \to \mathbf{R}^n$;$C: \mathbf{R}^n \times \mathbf{R}^m \to \mathbf{R}^s$;$\phi: \mathbf{R}^n \times \mathbf{R}^n \to \mathbf{R}^q$;$t$ 为时间;t_f 为末端时间,可以是有限的,也可以趋向于无穷;Φ 表示 Mayer 型代价函数;g 表示 Lagrange 型代价函数。

多区间非线性最优控制问题是指将式(6-10)~式(6-13)的时间区间 $[t_0, t_f]$ 划分为 K 个网格子区间 $[t_{k-1}, t_k]$,$k = 1, \cdots, K$。令 N_k 表示第 k 个子区间内的配点数,$t_0 < t_1 < \cdots < t_K = t_f$ 表示 $K+1$ 个网点(相邻区间的连接点为网点,单个区间内所使用的插值多项式的维数称为配点,整个区间的节点数等于网点总数与配点总数之和)。

首先,通过如式(6-14)所示的时域转换关系,将每个网格子区间的时域 $\tau \in [-1, +1]$,$t \in [t_{k-1}, t_k]$,转变成

$$\tau = \frac{2t - (t_k + t_{k-1})}{t_k - t_{k-1}} \tag{6-14}$$

其逆转换形式为

$$t = \frac{t_k - t_{k-1}}{2}\tau + \frac{t_{k-1} + t_k}{2}$$

于是有

$$\frac{\mathrm{d}t}{\mathrm{d}\tau} = \frac{t_k - t_{k-1}}{2}$$

接着,进一步利用式(6-15)将网点 t_k 表示为初始时间 t_0、末端时间 $t_f = t_K$ 和常数 a_k,$(k = 0, \cdots, K)$ 的函数,即

$$t_k = t_0 + a_k(t_k - t_0) \quad (k = 0, \cdots, K) \tag{6-15}$$

注:通过式(6-15)的变换后,相应于网点的 $K+1$ 个自由变量相应地减少为仅与初始时间 t_0 和末端时间 $t_f = t_K$ 相关的 2 个自由变量,减少了离散后的 NLP 问题中自由未知变量的个数。

最后,通过式(6-16)来保证各网格子区间的连续性。设 $\boldsymbol{x}^{(k)}(\tau)$ 和 $\boldsymbol{u}^k(\tau)$ 分别表示第 k 个网格子区间的状态变量和控制变量,为了保证各子区间网点上

103

状态的连续性,增加如式(6-16)所示的内网点约束条件,即

$$x^{(k)}(+1) = x^{(k+1)}(-1) \quad (k=0,\cdots,K) \qquad (6-16)$$

通过上述的变换步骤,可将由式(6-10)所描述的单区间最优控制问题转化为由式(6-17)所描述的多区间最优控制问题,即最小化多区间 Bolza 型代价函数为

$$J = \boldsymbol{\Phi}(\boldsymbol{x}^{(1)}(-1), x^{(K)}(+1)) + \sum_{k=1}^{K} \frac{t_k - t_{k-1}}{2} \int_{-1}^{+1} g(\boldsymbol{x}^{(k)}(\tau), \boldsymbol{u}^{k}(\tau)) \mathrm{d}\tau$$

$$(6-17)$$

动态约束

$$\frac{\mathrm{d}\boldsymbol{x}^{(k)}(\tau)}{\mathrm{d}\tau} = \frac{t_k - t_{k-1}}{2} \boldsymbol{f}(\boldsymbol{x}^{(k)}(\tau), \boldsymbol{u}^{(k)}(\tau)) \quad (k=1,\cdots,K) \quad (6-18)$$

路径不等式约束

$$\frac{t_k - t_{k-1}}{2} \boldsymbol{C}(\boldsymbol{x}^{(k)}(\tau), \boldsymbol{u}^{(k)}(\tau)) \leqslant 0 \quad (k=1,\cdots,K) \qquad (6-19)$$

边界条件

$$\boldsymbol{\phi}(\boldsymbol{x}^{(1)}(-1), \boldsymbol{x}^{(K)}(+1)) = 0 \qquad (6-20)$$

内点约束

$$\boldsymbol{x}^{(k)}(+1) - \boldsymbol{x}^{(k+1)}(-1) = 0 \quad (k=1,\cdots,K-1) \qquad (6-21)$$

6.2.2 多区间最优控制问题的一阶最优必要条件

下面,给出由式(6-17)~式(6-21)所构成的多区间连续时间最优控制问题的一阶最优条件[127]在每个网格子区间内定义增广哈密顿函数为

$$\boldsymbol{H}^{(k)}(\boldsymbol{x}^{(k)}, \boldsymbol{\lambda}^{(k)}, \boldsymbol{u}^{(k)}, \boldsymbol{\gamma}^{(k)}) = g^{(k)} + \langle \boldsymbol{\lambda}^{(k)}, \boldsymbol{f}^{(k)} \rangle - \langle \boldsymbol{\gamma}^{(k)}, \boldsymbol{C}^{(k)} \rangle$$

$$(6-22)$$

式中:⟨·,·⟩为两个向量的内积。

于是多区间连续时间最优控制问题的一阶最优必要条件为

$$\frac{\mathrm{d}\boldsymbol{x}^{(k)}}{\mathrm{d}\tau} = \frac{t_k - t_{k-1}}{2} \nabla_{\lambda^{(k)}} \boldsymbol{H}^{(k)} \quad (k=1,\cdots,K)$$

$$\frac{\mathrm{d}\lambda^{(k)}}{\mathrm{d}\tau} = \frac{t_k - t_{k-1}}{2} \nabla_{\boldsymbol{x}^{(k)}} \boldsymbol{H}^{(k)} \quad (k=1,\cdots,K)$$

$$0 = \nabla_{\boldsymbol{u}^{(k)}} \boldsymbol{H}^{(k)} \quad (k=1,\cdots,K)$$

$$\boldsymbol{\lambda}^{(1)}(-1) = -\nabla_{\boldsymbol{x}^{(1)}(-1)}(\boldsymbol{\phi} - \langle \boldsymbol{\psi}, \boldsymbol{\phi} \rangle)$$

$$\lambda^{(k)}(1) = \lambda^{(k+1)}(-1) + \rho^{(k)} \quad (k = 1, \cdots, K-1)$$

$$\lambda^{(k)}(+1) = -\nabla_{x^{(k)}(+1)}(\phi - \langle \psi, \phi \rangle)$$

$$0 = \sum_{i=1}^{k} \frac{a_{k-1} - a_k}{2} \int_{-1}^{1} \boldsymbol{H}^{(k)} \mathrm{d}\tau + \nabla_{t_0}(\phi - \langle \psi, \phi \rangle)$$

$$0 = \sum_{i=1}^{k} \frac{a_{k-1} - a_k}{2} \int_{-1}^{1} \boldsymbol{H}^{(k)} \mathrm{d}\tau + \nabla_{t_f}(\phi - \langle \psi, \phi \rangle)$$

当协态变量不连续时,$\rho^{(k)}$表示$\lambda^{(k)}(1)$和$\lambda^{(k+1)}(-1)$的差。

6.3 多区间 Radau 伪谱法的求解策略

6.3.1 多区间 Radau 伪谱法求解策略的提出

对于 6.2 节多区间非线性最优控制问题的求解,目前主要可通过两种形式的伪谱方法将其转化为非线性规划问题[127],即 Gauss 伪谱方法和 Radau 伪谱方法,其中:Gauss 伪谱方法采用的是 Legendre – Gauss(LG)配点方式;Radau 伪谱方法采用的是 Legendre – Gauss – Radau(LGR)配点方式。文献[122]和[123]对这两种伪谱方法进行了研究,指出基于 LG 和 LGR 配点方式的 Gauss 和 Radau 伪谱方法在求解多区间最优控制问题时,均能得到状态变量和控制变量的高精度近似解。而文献[125]对 LG 和 LGR 配点方式做了进一步的研究,指出 LG 配点法相比 LGR 配点法存在以下缺点:①不能直接得到网点上的控制变量的近似值;②单个网格子区间的末点上状态变量需要通过积分过程才能得到,增加了离散化后的 NLP 问题中变量的个数。这表明,在给定求解精度的条件下,基于 Gauss 伪谱方法求解多区间连续时间最优控制问题时需要花费更多的计算代价。同时,文献[126]和[128]还对多区间 Radau 伪谱方法中协态变量的近似进行了研究,证明了在协态变量连续的条件下,多区间 Radau 伪谱方法的转化伴随系统与原连续时间最优控制问题的一阶最优必须条件的离散形式是等价的,从理论上保证了 NLP 问题的最优解与连续时间最优控制问题最优解的一致性。而当协态变量不连续时,协态变量的精度依赖于网点的位置,当不连续点正好位于网点上时,能够得到一个较高精度的协态变量近似解,并通过实例验证了多区间 Radau 伪谱法对协态变量估计的有效性。但到目前为止,还未见相关的文献对多区间 Gauss 伪谱法的协态变量进行研究。

鉴于以上原因,选取 Radau 伪谱方法将 6.2 节中的多区间最优控制问题转化为相应的非线性规划问题。下面,具体给出 Radau 伪谱法求解多区间最优控制问题的基本框架。

6.3.2 多区间 Radau 伪谱方法的基本原理

多区间 Radau 伪谱方法将每个网格子区间 $[t_{k-1}, t_k]$ 上的状态变量和控制变量在一系列 LGR 点上离散化,并以离散点为节点构造 Lagrange 插值多项式来逼近状态变量和控制变量。通过对插值多项式求导近似状态变量对时间的导数,将微分动态约束转化为代数约束。性能指标中的积分项由 Radau 积分计算。由于当前网格子区间的终端状态是下个网格子区间的初始状态,避免了全局 Radau 伪谱方法中终端状态的积分过程。经上述变化,最终可将多区间连续时间最优控制问题转化为具有一系列代数约束的非线性规划问题。随后可通过相应的非线性规划求解器得到数值最优解。

6.3.3 数值近似方法

设 $\boldsymbol{x}^{(k)}(\tau)$ 和 $\boldsymbol{u}^k(\tau)$ 分别表示第 k 个网格子区间 $[t_{k-1}, t_k]$ 内的状态变量和控制变量。

1. 状态变量和控制变量的近似

令 $(\tau_1^{(k)}, \cdots, \tau_{N_k}^{(k)})$ 表示 Radau 伪谱方法在区间 $[t_{k-1}, t_k]$ 内的 N_k 个配点,即 N_k 阶 LGR 点,也是多项式 $P_{N_k-1}(\tau) + P_{N_k}(\tau)$ 的根,其中 $P_{N_k}(\tau)$ 表示 N_k 阶 Legendre 多项式。$(\tau_1^{(k)}, \cdots, \tau_{N_k}^{(k)})$ 和末点 $\tau_{N_k+1}^{(k)} = +1$ 构成了区间 $\tau \in [-1, 1]$ 内的 $N_k + 1$ 个 Lagrange 插值点,其中 $\tau_1^{(k)} = -1$。

设 $L_i(\tau)$ $(i = 1, \cdots, N_k + 1)$ 为 N_k 阶 Lagrange 插值多项式,即

$$L_i(\tau) = \prod_{\substack{j=1 \\ j \neq i}}^{N_k+1} \frac{\tau - \tau_j}{\tau_i - \tau_j} \quad (i = 1, \cdots, N_k + 1)$$

于是,状态变量 $\boldsymbol{x}^{(k)}(\tau)$ 可近似为

$$\boldsymbol{x}^{(k)}(\tau) \approx \boldsymbol{X}^{(k)}(\tau) = \sum_{j=0}^{N_k} \boldsymbol{X}_j^{(k)} L_j^{(k)}(\tau) \tag{6-23}$$

控制变量由式(6-24)近似得到

$$\boldsymbol{u}^{(k)}(\tau) \approx \boldsymbol{U}^{(k)}(\tau) = \sum_{i=1}^{N_k} \boldsymbol{X}_i^{(k)} \tilde{\boldsymbol{L}}_i^{(k)}(\tau) \tag{6-24}$$

状态变量的近似是在 N_{k+1} 个配点上实现的,而控制变量的近似是在 N_k 个配点上实现的。

2. 动力学微分方程约束转化为代数约束

对近似状态方程(6-23)求微分,得

$$\frac{\mathrm{d}\boldsymbol{X}^{(k)}(\tau)}{\mathrm{d}\tau} = \sum_{j=0}^{N_k} \boldsymbol{X}_j^{(k)} \dot{L}_j^{(k)}(\tau) \qquad (6-25)$$

则 N_k 个 LGR 点上的动力学微分方程约束变为代数方程约束,即

$$\sum_{j=0}^{N_k} \boldsymbol{X}_j^{(k)} \boldsymbol{D}_{ij}^{(k)} - \left(\frac{t_k - t_{k-1}}{2}\right) \boldsymbol{f}_i^{(k)} = 0 \quad (i = 1, \cdots, N_k, \ k = 1, \cdots, K)$$

$$(6-26)$$

式中:$\boldsymbol{D}_{ij}^{(k)} = \dot{L}_j^{(k)}(\tau_i^{(k)}) \in N_k \times (N_k + 1) (i = 1, \cdots, N_k, j = 1, \cdots, N_k + 1)$ 为第 k 个子区间的 Radau 伪谱微分矩阵[128]。

3. 路径约束和边界约束的近似

每个子区间内的 N_k 个配点上的路径不等式约束为

$$\frac{t_k - t_{k-1}}{2} \boldsymbol{C}^{(k)}(\boldsymbol{X}_i^{(k)}, \boldsymbol{U}_i^{(k)}) \leqslant 0 \quad (i = 1, \cdots, N_k, \ k = 1, \cdots, K) \ (6-27)$$

边界条件

$$\phi(\boldsymbol{x}_1^{(1)}, t_0, \boldsymbol{x}_{N_{k+1}}^K, t_K) = 0 \qquad (6-28)$$

4. 区间连接点约束的近似

网点上的状态约束为

$$\boldsymbol{X}_{N_k+1}^{(k)} = \boldsymbol{X}_1^{(k+1)} \qquad (6-29)$$

5. 基于多区间 LGR 积分的性能指标函数

将多区间 Bolza 型性能指标(6-17)中的积分项用多区间 LGR 积分近似为

$$J \approx \boldsymbol{\Phi}(\boldsymbol{X}_1^{(1)}, t_0, \boldsymbol{X}_{N_{K+1}}^{(K)}, t_K) + \sum_{k=1}^{K} \sum_{j=1}^{N_K} \left(\frac{t_k - t_{k-1}}{2}\right) w_j^{(k)} g_j^{(k)} \qquad (6-30)$$

式中:$w_j^{(k)}$ 为第 k 个子区间内的 Legendre – Gauss – Radau 权重,具体形式为

$$w_0^{(k)} = \frac{2}{(N_k+1)^2} \qquad w_j^{(k)} = \frac{2}{(N_k+1)^2} \frac{1 - \tau_j^{(k)}}{[L_{N_k}(\tau_j^{(k)})]^2}$$

6.3.4 多区间 Radau 伪谱法离散最优控制问题的一般描述

经过式(6-23)~式(6-30)数值近似过程,最终将多区间连续时间的最优控制问题离散化,并转变为相应的非线性规划问题,其一般描述为

最小化代价函数

$$J \approx \boldsymbol{\Phi}(\boldsymbol{X}_1^{(1)}, t_0, \boldsymbol{X}_{N_{K+1}}^{(K)}, t_K) + \sum_{k=1}^{K} \sum_{j=1}^{N_k} \left(\frac{t_k - t_{k-1}}{2}\right) w_j^{(k)} g_j^{(k)} \qquad (6-31)$$

满足配点条件

$$\sum_{j=0}^{N_k} X_j^{(k)} D_{ij}^{(k)} - \left(\frac{t_k - t_{k-1}}{2}\right) f_i^{(k)} = 0 \quad (i = 1, \cdots, N_k, \ k = 1, \cdots, K)$$

$$(6 - 32)$$

不等式路径约束

$$\frac{t_k - t_{k-1}}{2} C^{(k)}(X_i^{(k)}, U_i^{(k)}) \leqslant 0 \quad (i = 1, \cdots, N_k, \ k = 1, \cdots, K) \quad (6 - 33)$$

边界条件

$$\boldsymbol{\phi}(\boldsymbol{x}_1^{(1)}, t_0, \boldsymbol{x}_{N_k+1}^K, t_K) = 0 \quad (6 - 34)$$

连接点约束

$$X_{N_k+1}^{(k)} = X_1^{(k+1)} \quad (k = 1, \cdots, K) \quad (6 - 35)$$

注:式(6 - 31)~式(6 - 35)给出了多区间连续时间最优控制问题式(6 - 17)~式(6 - 21)的离散 hp - Radau 伪谱方法的近似形式。在式(6 - 31)~式(6 - 35)中,子区间的个数 K、分布在整个区间的位置及每个子区间内的 LGR 配点数 N_k 可由使用者根据实际情况确定,为求解连续时间最优控制问题的数值解提供了更大的灵活性。

6.4　本　章　小　结

本章介绍了含动压、过载、热流密度、路径点和禁飞区等多约束条件下的高超声速飞行器再入轨迹优化的数学模型,考虑了地球旋转的作用;针对所给的多约束条件下的复杂优化模型,介绍了多区间伪谱方法的求解策略。给出了多区间非线性最优控制问题一般性描述;在分析 Radau 伪谱方法相比其他伪谱方法在求解多区间最优控制问题上的优势的基础上,给出了 Radau 伪谱方法求解多区间最优控制问题的基本框架。

整章内容是后续研究再入轨迹快速优化及实时制导方法的理论基础。

第 7 章　自适应 Radau 伪谱轨迹优化算法

再入轨迹优化问题是高超声速飞行器总体设计的关键技术之一,影响着总体、气动布局、制导控制等多个系统的设计。高超声速飞行器在再入过程中受到的较强非线性约束作用以及轨迹对控制变量的高度敏感性,使得轨迹的快速优化问题一直是控制理论界的研究难点和热点。从数学本质上看,再入轨迹优化问题可抽象为求解包含微分—代数约束和不等式约束的一类非线性最优控制问题。

直接法是求解非线性最优控制问题数值解的常用方法。在直接法中,最优控制问题被转化为有限维的非线性规划问题(NLP),然后通过相应的 NLP 求解器进行求解。在过去的 20 年里,直接法中的配点法在求解非线性最优控制问题的数值解中得到了广泛的应用,尤其是伪谱方法——利用全局插值多项式的有限基在一系列离散点上近似状态变量和控制变量,由于在计算效率上的优势,逐渐成为非线性最优控制问题求解方法的研究热点。在实际应用中,解的精度和计算效率是不断追求的目标。对于简单或光滑的最优控制问题,伪谱方法具有指数收敛速度[170,171];但对于不连续或非光滑的最优控制问题,由于其节点的分布形状是固定的,不能捕捉到解的不连续性和非平滑性,故可能需要使用较高维数的插值多项式才能得到理想的近似解,也可能即使使用高维数的插值多项式,也得不到理想的近似解。同时,高维数插值多项式的使用还将导致一个稠密的NLP,增加了计算代价。因此在采用伪谱法求解最优控制问题数值解的过程中,判断解的精度和计算效率好坏的评价标准是与所研究的问题紧密相连的。

基于上述原因,本章对采用伪谱方法求解非线性最优控制问题数值解的优化性能进行了深入的研究,在全局伪谱离散化方法的基础上,基于 Radau 伪谱法给出了自适应 p 伪谱优化算法、基于曲率密度函数的伪谱网格细化算法和自适应 hp – Radau 伪谱法优化算法,并对每种自适应伪谱优化算法的性能进行了仿真验证。

7.1　自适应 p – Radau 伪谱优化算法

近年来,全局伪谱法(p 法)在求解无穷光滑问题时的指数收敛速度吸引了大量学者的关注,在求解非线性最优控制问题数值解上得到了广泛应用,特别是在航空航天领域,如高超声速飞行器再入轨迹快速优化[91,99]、固体运载火箭上升段轨迹优化[134]等。其中具有代表性的是雍恩米[99]针对复杂多约束条件下的轨迹优化问题,提出了一种基于 Gauss 伪谱法的含初值生成器的串行求解策略。但该方法在实施过程中需要先以较少的节点优化寻找近似最优解,再将其作为初值进一步优化,一定程度上增加了计算代价;同时,节点个数的选取是人为估计设定的。本节基于 Radau 伪谱法,给出了一种新的自适应伪谱求解策略。通过设定解的某种误差判定准则,根据这一准则,在优化过程中自适应地增加节点数以达到求解精度要求。

7.1.1 解的误差判定准则

伪谱方法在离散化过程中采用 Lagrange 插值多项式作为基函数来近似状态变量和控制变量的优点在于:插值点上函数的近似值与实际值相等。因此,在采用伪谱方法求解非线性最优控制问题数值解的过程中,若能得到原连续时间最优控制问题的确切解,则动态约束方程应该在插值点(配点)间的任意点上得到满足。因此考虑将动态约束方程在配点间的满足程度作为自适应 p 伪谱法优化策略实施过程中的误差判定准则。

令$(\tau_1, \cdots, \tau_M)$表示 Radau 伪谱方法在区间$[t_0, t_f]$内的 M 个配点,取相邻配点的中点$(\bar{\tau}_1, \cdots, \bar{\tau}_{M-1}) \in [t_0, t_f]$作为采样点,即

$$\bar{\tau}_i = \frac{\tau_i + \tau_{i+1}}{2} \quad (i = 1, \cdots, M - 1) \tag{7 - 1}$$

将动态约束方程采样点上的残差作为解的近似误差评估准则,其数学表达式为

$$\left(\left| \dot{\boldsymbol{X}}_l(\bar{x}_i) - \frac{t_f - t_0}{2} f_l(\boldsymbol{X}_p, \boldsymbol{U}_p, \bar{\tau}_i; t_f, t_0) \right| \right) = (\varepsilon_{lp})_{n \times (M-1)} \tag{7 - 2}$$

式中:$(\varepsilon_{lp})_{n \times (M-1)}$为动态约束残差矩阵;$l = 1, \cdots, n$ 为状态变量的个数;$p = 1, \cdots, M - 1$为采样点的个数。

设 ε 为给定的误差门限值。当式(7 - 2)中的每个元素都比 ε 小时,则认为满足求解精度要求;否则,需要进一步增加区间内插值多项式的维数(配点数),以提高求解精度。设每次增加的插值多项式维数均为 M_0。

7.1.2 算法步骤

(1)给定误差门限值 ε,初始状态猜测值 X_0,选定 M 个配点。

（2）根据当前的状态猜测值和配点分布求解相应的 NLP。

（3）通过式(7-2)计算动态约束在采样点上的残差并与误差门限值 ε 进行比较，若 $(\varepsilon_{lp})_{n \times (M-1)}$ 中的每个元素都比 ε 小，则停止迭代；否则，转步骤(4)。

（4）增加区间内插值多项式的维数(每次固定增加 M_0 维)，并转步骤(2)。

7.1.3 验证算例

以文献[172]中航天飞机的再入轨迹优化问题为例，对全局伪谱法和自适应 p 伪谱法的优化性能进行相应的比较验证。

最小化代价函数为

$$J = -\phi(t_f) \tag{7-3}$$

动态约束为

$$
\begin{cases}
\dot{r} = V\sin\gamma & \dot{\theta} = \dfrac{V\cos\gamma\sin\psi}{r\cos\phi} \\
\dot{\phi} = \dfrac{V\cos\gamma\cos\psi}{r} & \dot{V} = -\dfrac{D}{m} - g\sin\gamma \\
\dot{\gamma} = \dfrac{L\cos\sigma}{mV} + \left(\dfrac{V}{r} - \dfrac{g}{V}\right)\cos\gamma & \dot{\psi} = \dfrac{L\sin\sigma}{mV\cos\gamma} + \dfrac{V}{r}\cos\gamma\sin\psi\tan\phi
\end{cases} \tag{7-4}
$$

边界条件为

$$
\begin{cases}
h(0) = 79.248\text{km} & h(t_f) = 24.384\text{km} \\
\theta(0) = 0° & \theta(t_f) = \text{free} \\
\phi(0) = 0° & \phi(t_f) = \text{free} \\
v(0) = 7.8\text{km/s} & v(t_f) = 762\text{m/s} \\
\gamma(0) = -1° & \gamma(t_f) = -5° \\
\psi(0) = 90° & \psi(t_f) = \text{free}
\end{cases} \tag{7-5}
$$

相应的变量说明和气动模型参见文献[172]。仿真过程中，设定自适应 p 伪谱法在初始化时选取的配点数为 $M=20$，每次增加的配点数 $M_0=10$。

表 7-1 给出了不同精度要求下，全局伪谱法和自适应 p 伪谱法在求解上述轨迹优化问题时的结果比较。可以看出：

（1）10^{-4} 精度要求下，自适应 p 伪谱法以 20 个配点作为初值，经过 2 次迭代过程，仅需 30 个配点便可得到满足要求精度的解，计算时间在 6s 左右；而全局伪谱法则需要 40 个配点才能得到要求精度的解。

（2）随着求解精度要求的提高，自适应 p 伪谱法在求解时间上显示了越来越大的优势，在 10^{-6} 精度要求下，可以明显看出，在相同配点总数的情况下，全局伪谱法的优化时间要远远大于自适应 p 伪谱法优化时间。

上述分析结果表明,自适应 p 伪谱法在求解复杂连续最优控制问题时相比全局伪谱法具有明显的计算优势,相比之下能以较少节点得到较高精度的解。

表 7-1　不同精度下的优化结果比较

ε	方法	优化时间/s	配点数	迭代次数
10^{-4}	全局伪谱法	8.6061	40	—
	自适应 p 伪普法	6.2560	30	2
10^{-5}	全局伪谱法	26.2236	50	—
	自适应 p 伪谱法	8.5649s	40	3
10^{-6}	全局伪谱法	106.7284	60	—
	自适应 p 伪谱法	15.9682	60	5

7.2　基于密度函数的伪谱网格细化算法

随着对配点法的深入研究,学者们逐渐发现,解的精度不仅与节点的个数、分布形状相关,还与其配置方式有关。节点数的增多虽然提高了解的精度,但也增加了计算代价;细腻的网格划分能够更精确的捕捉解的不连续性和非平滑性,同时也相应地增加了计算代价。全局伪谱法和自适应 p 伪谱法虽然在节点的分布形状上比传统的 h 法具有优势——两端密集、中间稀疏的分布特点能够避免龙格现象的发生,但其配置方式是固定的(单区间分布),不能够有效地捕捉解的不连续性和非平滑性。这种固定的节点分布方式导致了在采用伪谱法求解不连续或非光滑最优控制问题时,可能会出现得不到最优解或即使使用高维数的插值多项式也得不到理想近似解的情况发生。

针对这种情况,文献[173]提出了一种伪谱法节点法,通过将时间区间在不连续点或奇点处划分为多个小块,在每个区间内采用全局插值多项式近似函数,但对于大多数最优控制问题来说,不连续点和奇点的个数及位置是不可能提前获知的。因此,有必要对伪谱网格细化的优化算法进行研究。目前,关于网格细化算法的研究主要集中在 h 法(局部配点法)上,大量学者对静态网格细化算法和动态网格细化算法(非一致网点和节点分布方式)进行了深入研究。例如,文献[116,117]提出了一种基于多分辨率的网格细化算法,利用局部的二进制划分来重新定义离散点分布的位置;文献[114,115]提出了一种基于节点密度函数的网格细化算法,根据曲率的密度函数具体定义子区间内节点的分布形状,避免了传统 h 法的等间距节点分布方式,一定程度上提高了近似解的精度和计算效率,但达不到伪谱方法的收敛速度。

在上述文献的基础上,将密度函数引入全局(或局部)伪谱方法中,提出了一种基于密度函数的伪谱网格细化优化算法,基于轨迹曲率密度函数及其累积分布函数的性质来捕捉解的不连续性和非光滑性,定义新增区间网点的位置,将区间做进一步细化。

7.2.1 单个区间内的误差评估准则

与自适应 p 伪谱法优化策略类似,实施网格细化策略的第一步同样是要确定解的某种误差评估准则,根据这一准则判断需要进一步改进求解精度的区间,接着仅在该区间内实施相应的网格细化策略。与 7.1.1 节类似,将动态约束在配点间的被满足程度作为解的误差评估准则。

考虑第 6 章中的多区间 Radau 伪谱方法近似连续时间最优控制问题的一般性描述,参考 6.3.2 节,以第 k 个网格子区间 $[t_{k-1}, t_k]$ 为例,对伪谱网格细化算法的流程加以说明。

令 $N_k = M$(Lagrange 多项式的维数)表示区间 $[t_{k-1}, t_k]$ 的配点数,取相邻配点的中点 $(\bar{t}_1, \cdots, \bar{t}_{M-1}) \in [t_{k-1}, t_k]$ 作为采样点,即

$$\bar{t}_i^{(k)} = \frac{t_i + t_{i+1}}{2} \quad (i = 1, \cdots, M-1) \tag{7-6}$$

则动态约束方程在这些采样点上的残差如式(7-7)所示,将其作为解的近似误差评估准则。

$$\left(\left| \dot{\boldsymbol{X}}_l(\bar{t}_i^{(k)}) - \frac{t_k - t_{k-1}}{2} f_l(\boldsymbol{X}_p, \boldsymbol{U}_p, \bar{t}_i^{(k)}; t_{k-1}, t_k) \right| \right) = (\varepsilon_{lp}^{(k)})_{n \times (N_k - 1)}$$

$$\tag{7-7}$$

设 ε 为给定的误差门限值,则当式(7-7)中的每个元素都比 ε 小时,认为满足求解精度要求;否则,将该区间做进一步的细化,以提高求解精度。

注:本节算法与 7.1 节不同,主要通过细化区间来提高求解精度,是一种偏 h 法的伪谱优化算法。

7.2.2 基于曲率密度函数的细化策略

1. 密度函数的定义

若函数 $\bar{f}: [a, b] \to \mathbf{R}^+ (a, b \in \mathbf{R})$ 为一个非负 Lebesgue 可积函数,且满足 $\int_a^b \bar{f}(t) \mathrm{d}t = 1$,则 $\bar{f}$ 称为密度函数。式(7-8)给出了与密度函数相对应的累积分布函数 $F: [a, b] \to [0, 1]$ 的定义,图 7-1 给出了密度函数和累积分布函数间的

关系。

$$F(t) = \int_a^t \bar{f}(\tau)\mathrm{d}\tau \qquad (7-8)$$

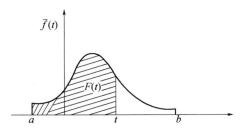

图 7-1 密度函数和累积分布函数间的关系

图中：$F(t)$ 表示阴影部分的面积。结合式(7-8)可知：$F(a)=0$，$F(b)=1$。

对于任意给定的的非负函数 $f(t)$，都可以通过式(7-9)转化为密度函数 $\bar{f}$，即

$$\bar{f}(t) = \frac{f(t)}{\int_a^b f(\tau)\mathrm{d}\tau} \qquad (7-9)$$

根据密度函数及其累积分布函数的性质可知：若在区间 $[a,b]$ 内插入 N 个点 $\{t_i\}_{i=1}^N$（其中 $t_1=a$，$t_N=b$），如果知道第 i 个点 t_i 的位置，那么第 $i+1$ 个点 t_{i+1} 的位置可由式(7-10)确定，即

$$F(t_{i+1}) - F(t_i) = \frac{1}{N} \qquad (7-10)$$

文献[114]指出，基于曲率构成的密度函数能够生成所求函数曲线的最佳分段线性近似，将式(7-10)与图 7-1 结合起来，可以发现在曲率大的位置周围，节点的分布将较为密集；反之，节点的分布将较为稀疏。同时，曲线的曲率在一定程度上还反映了曲线的平滑性。

因此，以下选取经过插值后得到的状态轨迹的曲率函数作为进一步细化区间所需的密度函数，通过轨迹曲率密度函数及其对应的累积分布函数来确定新增加网点的位置。

2. 新增区间位置的确定

设 $x_{(k)}$ 表示第 k 个子区间内，优化得到的离散状态变量经过 Lagrange 插值后得到的状态轨迹，则轨迹曲率函数定义为

$$\kappa^{(k)}(\tau) = \frac{|x''_{(k)}|}{|(1+x'_{(k)}{}^2)^{\frac{3}{2}}|} \qquad (7-11)$$

由式(7-11)所定义的曲率函数而构成的密度函数 $\rho(\tau)$ 为

$$\rho(\tau) = c\kappa(\tau)^{\frac{1}{3}} \tag{7-12}$$

式中:c 为一选定的常数,满足

$$\int_{-1}^{+1} \rho(\tau)\mathrm{d}\tau = \int_{-1}^{+1} c\kappa(\tau)^{\frac{1}{3}}\mathrm{d}\tau = 1 \tag{7-13}$$

于是,与曲率密度函数对应的累积分布函数为

$$F(\tau) = \int_{-1}^{\tau} \rho(\zeta)\mathrm{d}\zeta, \ \tau \in [-1, +1] \tag{7-14}$$

参考式(7-10),通过式(7-15)确定新增网点的位置为

$$F(\tau_i) = \frac{i-1}{n_k} \quad 1 \leqslant i \leqslant n_k + 1 \tag{7-15}$$

式中:n_k 可取大于 1 的任意整数,本章算例中取 $n_k = 2$。对于新增加的子区间,同样使用 M 维的插值多项式来近似状态变量和控制变量。

7.2.3 算法步骤

(1)给定误差门限值 ε 和初始状态 X_0;选定 N 个子区间,每个子区间内设定 M 个配点。

(2)根据当前的状态猜测值和配点分布求解相应的 NLP;若 $(\varepsilon_{lp}^{(k)})_{n \times (N_k-1)}$ 中的所有元素都小于 ε,则停止迭代;否则继续步骤(3)。

(3)将该区间划化为 n_k 个子区间,新增区间的网点位置由式(7-15)确定,同时设定新增子区间内的配点数 M_0。

(4)在所有的网格子区间都被更新后,返回步骤(2)。

当动态约束在所有采样点上的残差都小于误差门限值 ε 时,停止迭代。

注:在网格细化算法的实施过程中,若初始化时只有一个区间,则 M 的选取应偏大;若初始化时,存在多个子区间,则 M 的选取应偏小。

7.2.4 验证算例

以月球着陆的轨迹优化问题[174]为例,对伪谱网格细化算法和自适应 p 伪谱法的优化性能进行比较分析。

最小化代价函数

$$J = \int_{t_0}^{t_f} u\mathrm{d}t \tag{7-16}$$

基于动态约束

$$\begin{cases} \dot{h} = v \\ \dot{v} = -g + u \end{cases} \qquad (7-17)$$

边界条件

$$\begin{cases} h(0) = h_0 = 10 \quad v(0) = v_0 = 2 \\ h(t_f) = h_f = 0 \quad v(t_f) = v_f = 0 \end{cases} \qquad (7-18)$$

控制路径约束

$$0 \leqslant u \leqslant 3 \qquad (7-19)$$

由于本节所给的网格细化算法是一种偏 h 法的伪谱细化方法,以下为叙述方便,统一用自适应 h 伪谱法表示伪谱网格细化算法。

优化结束时,自适应 h 伪谱法与自适应 p 伪谱法优化策略的节点分布方式如图 7 - 2 所示(纵坐标无实际意义,仅为图示方便,将不同方法优化得到的节点分别投影于 $y = 0.3$ 和 $y = 0.6$ 所代表的两条直线上);图 7 - 3 为 10^{-4} 精度要求下,采用两种算法求解上述最优控制问题时,状态变量和控制变量随时间的变化曲线。

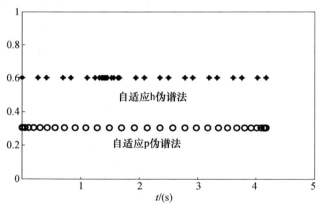

图 7 - 2　不同伪谱法的节点分布方式

结合图 7 - 2 和图 7 - 3,可得到以下结论:

（1）自适应 p 伪谱法的节点分布保持两端密集、中间稀疏的特点;而自适应 h 伪谱法的节点分布不具备这一特点,从图中可以看出,时间区间被划分为多个子区间,图中靠近的三个点属于同一个子区间。

（2）在控制变量表现出不连续性、状态变量表现出非光滑性的位置附近,自适应 h 伪谱法的节点分布较为密集。

116

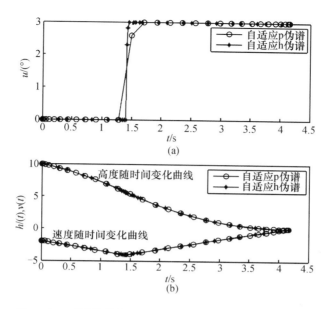

图 7 - 3　不同伪谱法下的控制、状态变量随时间变化曲线

（a）控制—时间曲线；（b）高度、速度—时间曲线。

上述分析过程表明,对于不连续或非光滑的最优控制问题,自适应 h 伪谱法能够精确地捕捉到状态变量和控制变量的非平滑性和不连续性,而自适应 p 伪谱法不具备这一特点。

表 7-2 给出了两种方法在不同精度要求下的仿真结果。从优化时间、节点数、迭代次数和代价函数上,对两种方法的进行了比较。分析表 7-2 可得到以下结论:

表 7 - 2　不同精度下的优化结果比较

ε	方法	优化时间/s	节点数	迭代次数	代价函数
10^{-3}	p(1/20)	0.8141	21	1	8.2498
	h(10/2)	0.3346	23	2	8.2483
10^{-4}	p(1/20)	0.9576	31	2	8.2472
	h(10/2)	0.6196	31	4	8.2462
10^{-5}	p(1/20)	1.1497	41	3	8.2463
	h(10/2)	0.6846	41	4	8.2462
10^{-6}	p(1/20)	2.2034	61	5	8.2458
	h(10/2)	1.0677	75	6	8.2462
注:(·/·)表示程序初始化时对应的子区间个数和每个区间内的配点数					

（1）两种方法均能求解相应的最优控制问题,不同精度要求下的代价函数值在 8.2458 ~ 8.2498 之间,相差不大。

（2）随着精度要求的提高,优化所需的节点数、优化时间及迭代次数都在增大,这符合伪谱法求解最优控制问题的特点。

（3）所有精度下,自适应 h 伪谱法的优化时间均小于自适应 p 伪谱法;随着求解精度要求的提高,自适应 p 伪谱法需要双倍的计算代价才能达到自适应 h 伪谱法的求解精度。

整个分析过程表明,对于非光滑最优控制问题的求解,自适应 h 伪谱法能够较精确地捕捉状态变量和控制变量的不连续性及非平滑性,并以较少的计算代价得到较高精度的解。

7.3　自适应 hp – Radau 伪谱优化算法研究

通过 7.1 节和 7.2 节的研究可以发现,伪谱法近似连续时间最优控制问题解的好坏是与所解决的具体问题紧密相邻的。对于简单、光滑的最优控制问题,全局伪谱方法便可得到 NLP 问题的精确解;对于约束较少的光滑最优控制问题,自适应 p 伪谱法比 p 法能够以较少的计算代价得到同等精度的解;而对于不存在高阶行为的非平滑最优控制问题或不连续最优控制问题来说,自适应 h 伪谱法便可得到 NLP 问题的精确解。但对于复杂、多约束条件下的最优控制问题来说,多次的区间细化会增加 NLP 问题的求解规模,相应地增加了计算代价。对这类最优控制问题,尤其是当所求轨迹在某些区间表现出平滑特性,而在某些区间表现出非平滑特性时,两种方法的有效结合将能给出最佳的近似解。

最近,文献[122]和[123]将求解计算流体力学和偏微分方程的 hp 有限元法引入最优控制问题的求解中,给出了一种求解非线性最优控制问题数值解的新方法——hp 伪谱法。hp 法结合了 h 法的计算稀疏性和 p 法的快速收敛性,在求解上述复杂最优控制问题中显示了很大的优势。随着对 hp 伪谱法的深入研究中,可以发现 hp 法中 h 法和 p 法的不同的结合方式对解的精度和计算代价会产生不同的影响。文献[122]给出的 hp 伪谱法优化算法,在求解过程中,忽略了轨迹的平滑性;文献[123]给出的 hp 伪谱法优化算法,与文献[122]相比,考虑了轨迹的平滑性,对于无约束或约束较少的情况下很实用,但对于复杂、多约束条件下的轨迹优化问题来说,路径约束平滑性的考虑增加了细化次数和节点个数,相应地增加了计算代价。

本节在文献[122]和[123]的基础上,针对多约束条件下的轨迹优化问题,综合考虑轨迹的平滑性和优化计算时间,给出了一种新的自适应 hp – Radau 伪谱法优化策略。

7.3.1 单个区间内的误差评估准则

在 7.2 节误差评估准则的基础上,本节将微分—代数约束(动态约束和路径约束)方程在配点间的满足程度作为解的近似误差评估准则。

设$[t_{k-1},t_k]$为第 k 个网格子区间,$t_0 < t_1 < \cdots < t_K = t_f$ 为 $K+1$ 个网点,N_k 为区间$[t_{k-1},t_k]$内的配点数(每个区间内的配点数是可变化的)。

取相邻配点间等间距分布的三个点作为误差评估准则的采样点,即

$$t_q^{(k)} = t_i + \frac{(t_{i+1} - t_i)}{4}q \quad (q = 1,2,3)$$

其中:$i = 1,\cdots,N_k$ 为第 k 个子区间的第 i 个配点。

注:此处采样点个数的选取可根据具体需求随机确定。本节采样点的选取相比 7.1 节和 7.2 节的选取法则来说,能够更有效地估计区间内解的近似情况;但也不可过多选取,过多的采样点虽然能够增加求解精度,但同时也增加了计算代价。

为叙述方便,统一将区间$[t_{k-1},t_k]$内的采样点定义为 $\bar{t}^{(k)} = (\bar{t}_1^{(k)},\cdots,\bar{t}_{3(N_k-1)}^{(k)})$,于是微分—代数约束方程在这些采样点上的残差表示为

$$\left(\left|\dot{\boldsymbol{X}}_l(\bar{t}_p^{(k)}) - \frac{t_k - t_{k-1}}{2}\boldsymbol{f}_l(\boldsymbol{X}_p,\boldsymbol{U}_p,\bar{t}_p^{(k)};t_{k-1},t_k)\right|\right) = (\varepsilon_{lp}^{(k)})_{n \times 3(N_k-1)}$$

$$(7-20)$$

$$(\boldsymbol{C}_j(\boldsymbol{X}_p,\boldsymbol{U}_p,\bar{t}_p^{(k)};t_{k-1},t_k)) = (\varepsilon_{jp}^{(k)})_{s \times 3(N_k-1)} \qquad (7-21)$$

式中:$l = 1,\cdots,n$ 为状态变量的个数;$j = 1,\cdots,s$ 为路径约束的个数;$p = 1,\cdots,3$ $(N_k - 1)$ 为采样点;$\varepsilon_{lp}^{(k)}$ 为第 l 个状态在第 p 个采样点处的残差绝对值;$\varepsilon_{jp}^{(k)}$ 为第 j 个路径约束在第 p 个采样点处的残差。式(7 – 20)为动态约束的残差矩阵,式(7 – 21)为路径约束的残差矩阵。

首先,对于路径约束来说,当式(7 – 21)中的元素全为负值时,表示满足设定的路径约束要求。当存在大于零的元素时,表示不满足设定的路径约束要求。

其次,对于动态约束来说,当式(7 – 20)中的所有元素都小于设定的误差门限值 ε 时,表示达到求解精度要求。反之,则表示没有达到求解精度要求。

最后,对于区间$[t_{k-1},t_k]$来说,只有当动态约束残差矩阵(7 – 20)中的所有元素都小于设定的误差门限值 ε,路径约束残差矩阵(7 – 21)中的元素全为负值

时,才认为该区间满足求解精度要求。否则,需要进一步提高求解精度。

下面以区间$[t_{k-1}, t_k]$为例,对改进求解精度的措施具体加以介绍,即如何确定是通过细化网格区间还是通过增加区间内插值多项式的维数来提高求解精度。

7.3.2 提高单个区间求解精度的策略

令$\varepsilon_{\max}^{(k)} = \max\{\varepsilon_{lp}^{(k)}, \varepsilon_{jp}^{(k)}\}$表示微分—代数约束在采样点上的最大残差,与文献[122]和[123]不同,本节将路径约束和动态约束分开进行讨论,采用不同的求解策略。

1. 路径约束的残差起主要作用的情形

微分—代数约束的最大残差出现在路径约束的残差矩阵$(\varepsilon_{jp}^{(k)})_{s \times 3(N_k-1)}$中,即$\varepsilon_{\max}^{(k)} = \max\{\varepsilon_{lp}^{(k)}, \varepsilon_{jp}^{(k)}\} = \varepsilon_{jp}^{(k)}$。针对这一情形,主要采用细化区间的方式提高求解精度要求。具体步骤如下:

(1)确定新增区间的网点位置。

将局部残差最大值所对应的采样点$\max\limits_{p=1,\cdots,3(N_s-1)}\{\varepsilon_{jp}^{(k)}\}_{j=1}^s$作为新增区间网点的位置。

(2)确定新增加子区间内配点数。

对于新增加的子区间,每次均令新增区间的配点数为$N^{(0)}$(其大小可根据实际情况确定)。

2. 动态约束的残差起主要作用的情形

微分—代数约束的最大残差出现在动态约束的残差矩阵$(\varepsilon_{lp}^{(k)})_{n \times 3(N_k-1)}$中,即$\varepsilon_{\max}^{(k)} = \max\{\varepsilon_{lp}^{(k)}, \varepsilon_{jp}^{(k)}\} = \varepsilon_{lp}^{(k)}$。针对这一情形,从考虑轨迹的平滑性上出发,设计了两步策略提高解的精度。

考虑到曲率在一定程度上反映了曲线的平滑性,故将状态轨迹在采样点上的曲率作为判断进一步提高精度方式的标准,即增加区间内近似多项式的维数(配点个数)还是细化区间。

设$(x_{lp})_{n \times 3(N_k-1)}$表示由$n$个状态变量在$p$个采样点上的离散值所构成的状态矩阵,$\boldsymbol{X}_l^{(k)}$表示矩阵$(x_{lp})_{n \times 3(N_k-1)}$中相应于最大残差$\varepsilon_{\max}^{(k)}$的状态变量所在的行向量,即

$$\boldsymbol{X}_l^{(k)} = [x_{l,1}^{(k)}, \cdots, x_{l,3(N_k-1)}^{(k)}]$$

于是,第l个状态在第p个采样点处的曲率可表示为

$$\kappa_{l,p}^{(k)} = \frac{|\ddot{x}_{l,p}|}{|[1 + \dot{x}_{l,p}^2]^{3/2}|} \quad (p = 1, \cdots, 3(N_k-1) - 1)$$

120

式中: $\ddot{x}_{l,p}$ 和 $\dot{x}_{l,p}$ 的计算参见文献[114]。

进一步令 $\bar{\kappa}^{(k)}$ 表示曲率 $\kappa_{l,p}^{(k)}$ 的算术平均值,即

$$\bar{\kappa}^{(k)} = \frac{\sum\limits_{p=1}^{3(N_k-1)-1} \kappa_{l,p}^{(k)}}{(3(N_k-1)-1)}$$

令

$$e = \left[\frac{\kappa_{l,1}^{(k)}}{\bar{\kappa}^{(k)}}, \cdots, \frac{\kappa_{l,3(N_k-1)}^{(k)}}{\bar{\kappa}^{(k)}}\right] \qquad (7-22)$$

其中: e 为由采样点 $\bar{t}_i^{(k)}(i=1,\cdots,3(N_k-1)-1)$ 上的曲率与曲率平均值的比所构成的向量。

设 ρ(具体大小可由使用者根据实际情况确定)为判断实施提高精度方式的标准。于是针对单个区间内曲率比的不同表现情形,分别给出不同的策略以改进解的精度。

e 中的每个元素都比 ρ 小。

此时,认为该区间内的曲率具有一致形式(轨迹相对来说比较平滑),采取增加区间内插值多项式维数(配点数)的方式来提高求解精度。

设 $N_k^{(i)}$ 表示区间 $[t_{k-1}, t_k]$ 在第 i 次迭代时的配点数, $N_k^{(i+1)}$ 表示第 $i+1$ 次迭代时的配点数,令

$$N_k^{(i+1)} = N_k^{(i)} + N^{(+)} \qquad (7-23)$$

式中: $N^{(+)}$ 为新增加的配点数(新增插值多项式的维数,每次固定不变)。

e 中的存在比 ρ 大的元素。

此时,认为该区间内的曲率具有非一致形式(轨迹相对来说是非平滑的),通过细化区间的方式提高求解精度。

(1) 确定新增加子区间的网点位置。

取式(7-22)中元素的局部最大值所对应的采样点作为新增加的网点。

(2) 确定新增加区间内配点的个数。

与(1)相同,在每个新增加的区间内,取其插值多项式的维数为 $N^{(0)}$。

注:与文献[123]相比,此处给出了一种较简单的区间细化方式。

从整个分析过程中,可以发现自适应 hp 伪谱优化算法在实施过程中,子区间个数、区间宽度和区间内插值多项式的维数在迭代过程中都是变化的,可根据精度误差要求和轨迹的平滑性,自适应地确定子区间的个数、区间位置及区间内插值多项式的维数,最大程度地利用了 h 法的计算稀疏性和 p 法的快速收敛性,从而实现了在提高解的精度的同时也兼顾了计算效率。

7.3.3 算法步骤

（1）初始化。给定误差门限值 ε 和初始状态 $\boldsymbol{x}_0$；选取 K 个区间，每个区间内设定 $N^{(0)}$ 个配点。

（2）在给定的状态猜测值和节点分布下求解 NLP；若所有区间的残差最大值 $\varepsilon_{\max}^{(k)}(k=1,\cdots,K-1)$ 都比门限值 ε 小，则停止迭代；若存在某个区间的残差最大值 $\varepsilon_{\max}^{(k)}$ 比门限值 ε 大，则继续步骤(3)。

（3）若 $\varepsilon_{\max}^{(k)}=\max\{\varepsilon_{lp}^{(k)},\varepsilon_{jp}^{(k)}\}=\varepsilon_{jp}^{(k)}$，则转步骤(4)；若 $\varepsilon_{\max}^{(k)}=\max\{\varepsilon_{lp}^{(k)},\varepsilon_{jp}^{(k)}\}=\varepsilon_{lp}^{(k)}$，则转步骤(5)。

（4）在路径约束的局部残差最大值所对应的采样点上将区间作进一步细化，令 $N^{(0)}$ 为新增区间内插值多项式的维数（配点数），转步骤(6)。

（5）若式(7-22)中每个元素都比 ρ 小，则增加该区间内的配点数，如式(7-23)所示；若式(7-22)中存在比 ρ 大的元素，则进行区间细化，取式(7-22)中元素的局部最大值所对应的采样点作为新增加子区间的网点位置，令 $N^{(0)}$ 为每次新增加子区间内的配点数。

（6）在所有的子区间都被更新后，返回步骤(2)。

当所有子区间内的动态约束和路径不等式约束在选取的采样点上小于解的精度门限值 ε 时，停止迭代。

7.3.4 比较验证

h 法和 p 法的不同结合方式与所研究的具体问题紧密相关，关于本节算法与已有 hp 算法的比较验证，为便于叙述和避免重复，将在随后的 8.1.4 节中具体给出。

7.4 本 章 小 结

针对全局伪谱方法在求解最优控制问题数值解上的缺点，本章基于 Radau 伪谱离散化方法，提出了三种不同的自适应伪谱轨迹优化算法。

（1）自适应 p 伪谱轨迹优化算法。通过设定近似解的误差准则，自适应地增加配点数以达到求解精度要求。以航天飞机再入轨迹优化为验证实例，对自适应 p 伪谱法和全局伪谱法的优化性能进行了分析，仿真验证了自适应 p 伪谱法的有效性和实用性。

（2）基于密度函数的伪谱网格细化算法。引入曲率密度函数，根据曲率密度函数及其累积分布函数的性质来确定新增子区间网点的位置。以月球着陆轨迹优化为例,对该算法进行了验证,结果表明该算法能够更好地捕捉状态变量和控制变量的不连续性及非平滑性,不需要提前估计不连续点和非光滑点的位置。

（3）将求解最优控制问题的 h 法和 p 法结合起来,综合考虑解的精度和计算效率,提出了一种新的自适应 hp 伪谱轨迹优化算法。将微分—代数约束在特定采样点上的残差作为解的近似精度评估准则,对于需要改进求解精度的区间,通过细化网格区间或增加区间内插值多项式的维数两种方式提高求解精度。将轨迹的曲率作为选取提高求解精度方式的标准,整个迭代求解过程中,子区间的个数、区间宽度和区间内插值多项式的维数是变化的。

第8章 基于自适应伪谱法的再入轨迹快速优化与分析

多约束条件下的再入轨迹快速优化技术是实现轨迹在线生成和实时制导的前提和基础。为了提高轨迹优化的精度和计算效率,本书第7章对轨迹优化算法进行了深入研究,摒弃了传统的基于全局伪谱法的优化策略,提出了三种不同的自适应伪谱轨迹优化算法。本章在第7章的基础上,利用所给的自适应伪谱轨迹优化算法优化求解了到达指定目标点,再入热载最小的最优再入轨迹和考虑了路径点和禁飞区约束,再入飞行时间最短的突防最优轨迹。

8.1 再入热载最小轨迹快速优化与分析

8.1.1 优化模型

本节仿真中所采用的数学模型及考虑的过程约束条件(热流密度、过载、动压)、控制量约束和终端条件约束的数学表达式见6.1节。

8.1.2 仿真参数设置

仿真过程中,程序初始化时选取 $K=10$, $N^{(0)}=2$, $N^{(+)}=5$, $\rho=2$;细化区间时,设定子区间的增长速度为2,即 $n_k=2$;($\cdot/\cdot$)表示初始化时的子区间个数和每个区间内的配点数。

仿真中的飞行器模型参数[148]如表8-1所列;所涉及到的各种约束条件(热流密度、过载、动压的最大值和终端约束条件(高度、速度、飞行路径角的限值)的限制值如表8-2所列。

表8-1 模型参数

变 量	符 号	取值/单位
飞行器质量	m	2455slugs
气动参考面积	S_{ref}	1608ft^2
标准大气密度	ρ_0	0.002378(slugs/ ft^3)

（续）

变　量	符　号	取值/单位
参考高度	r_0	$2090 \sim 2900\text{ft}$
地球旋转角速度	Ω	$7292115 \times 10^{-11}\text{rad/s}$
地球表面重力加速度	g_0	$0.14076539 \times 10^{17}\ (\text{ft}^3/\text{s}^2)$
地球半径	R_0	20925646.32ft

表 8 – 2　约束参数

过程约束	热流密度 $\dot{Q}_{max}\ (\text{BTU/ft}\cdot\text{s})$	过载 $n_{Zmax}/\text{g}\cdot\text{s}$	动压 $q_{max}/(\text{lb/ft}^2)$
	120	4	700
终端约束	高度/km	速度/(km/s)	飞行路径角/(°)
	$\geqslant 20$	$\geqslant 1$	$\leqslant 0$

状态变量和控制变量的边界限值为

$$\begin{pmatrix} 0 \\ -90° \\ -89° \\ 0 \\ -89° \\ -180° \\ -20° \\ -80° \end{pmatrix} \leqslant \begin{pmatrix} h \\ \theta \\ \phi \\ V \\ \gamma \\ \psi \\ \alpha \\ \sigma \end{pmatrix} \leqslant \begin{pmatrix} 60\text{km} \\ 90° \\ 89° \\ 6\text{km/s} \\ 89° \\ 180° \\ 20° \\ 80° \end{pmatrix} \qquad \begin{pmatrix} -3°/\text{s} \\ -3°/\text{s} \end{pmatrix} \leqslant \begin{pmatrix} \dot{\alpha} \\ \dot{\sigma} \end{pmatrix} \leqslant \begin{pmatrix} 3°/\text{s} \\ 3°/\text{s} \end{pmatrix}$$

以再入过程的热载最小为优化性能指标，即

$$J = Q_s = \int_{t_0}^{t_f} \dot{Q}\mathrm{d}t$$

表 8 – 3 给出了仿真中轨迹优化的初始猜测值和目标点位置。

表 8 – 3　初始猜测值及目标点位置

再入初始猜测值								目标点	
h_o/km	θ_o/(°)	ϕ_o/(°)	V_o/(km/s)	γ_o/(°)	ψ_o/(°)	α_o/(°)	σ_o/(°)	θ_f/(°)	ϕ_f/(°)
57.9	-85	30	4.9	-1.5	4	20	0	-70.3	39.5

8.1.3　不同 hp 伪谱优化方法的比较

下面给出 7.3 节的自适应 hp 伪谱法与已有的 hp 伪谱法在求解上述多约束

条件下的轨迹优化问题上的比较验证。取误差门限值 $\varepsilon = 10^{-4}$。

图 8-1 和图 8-2 分别给出了采用三种 hp 优化算法得到的部分状态变量随时间的变化曲线和路径约束变化曲线。表 8-4 从优化时间、节点总数、近似解的精度、迭代次数上对采用三种 hp 优化算法在求解最优控制问题的结果进行了比较。

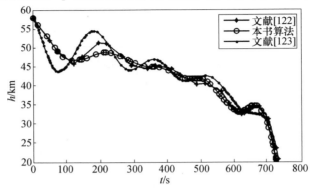

图 8-1　高度变化曲线

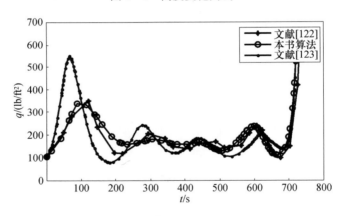

图 8-2　动压变化曲线

表 8-4　不同 hp 算法优化结果

方法	节点数/个	优化时间/s	最大误差绝对值	迭代次数
本书(10/2)	63	3.5974	$0.0802 * 10^{-4}$	4
文献[122](10/2)	33	3.3654	$0.9802 * 10^{-4}$	3
文献[123](10/2)	170	14.2707	$0.0270 * 10^{-4}$	13

综合分析图 8-1、图 8-2 和表 8-4,可以得到以下结论:

126

（1）从计算代价上考虑,7.3节算法与文献[122]的优化计算速度相差不大,而文献[123]的优化速度要慢得多,达到了其他两种方法的三倍以上。

（2）从优化解的精度上考虑,优化结束时文献[123]的误差绝对值最小,文献[122]的最大,但都在要求的精度范围内。

（3）从捕捉最优轨迹的平滑性上考虑,文献[123]中的算法最好,其次是7.3节算法,文献[122]最差。

综合上述三点,不难发现,整个优化结果符合伪谱法求解最优控制问题的特点,也符合三种优化算法实施过程的特点。首先,对于伪谱法来说,节点个数越多,解的精度越高,但同时也增加了计算代价。其次,三种算法在实施过程中,文献[122]在进行网格细化时没有考虑轨迹曲率的作用,导致了在捕捉轨迹平滑性上的欠缺;文献[123]和本章的改进算法在进行网格细化时均引入了轨迹曲率,不同的是文献[123]在路径约束不满足求解要求时,是在考虑了曲率影响的情况下进行的网格细化。从图8－2明显可以看出,优化得到的动压曲线在曲率相对大的位置附近,节点分布较为密集,这是导致该算法计算代价增加的主要原因。事实上在整个优化过程中,对路径约束来说,只需要将其设定在限定的范围内即可,不需要考虑其平滑性。

本章的目的是实现再入轨迹的快速优化,因此综合衡量轨迹的平滑性和计算代价,本书所给算法结合了文献[122]和[123]的优点,更适合于求解多约束条件下的高超声速飞行器的再入轨迹快速优化问题。

8.1.4 不同伪谱方法间的比较分析

为简化表达形式,以下用 Ap 代表自适应 p 伪谱优化算法;Ah 代表基于密度函数的伪谱网格细化算法;hp 代表本书的自适应 hp － Radau 伪谱优化算法。

不同精度要求下,利用全局伪谱法和第3章所给的三种自适应伪谱优化方法求解8.1节轨迹优化问题的仿真结果如表8－5所列(主要从解的最大近似误差、优化计算时间、优化结束时所需的配点总数、网格子区间个数、迭代次数等方面进行了相应的比较)。

表 8－5　不同伪谱算法的结果比较

ε	方法	最大误差绝对值	优化时间/s	配点数	网格子区间数	迭代次数
10^{-3}	p 法	—	36.6383	50	—	—
	Ap(1/20)	$0.8244 * 10^{-3}$	10.5112	41	1	3
	Ah(10/2)	$0.1399 * 10^{-3}$	2.4022	29	13	2
	hp(10/2)	$0.1989 * 10^{-3}$	2.8400	29	14	3

ε	方法	最大误差绝对值	优化时间/s	配点数	网格子区间数	迭代次数
10⁻⁴	p 法	—	36.6951	50	—	—
	Ap(1/20)	$8.2445 * 10^{-4}$	10.4777	41	1	3
	Ah(10/2)	$0.4485 * 10^{-4}$	4.8250	77	37	3
	hp(10/2)	$0.0802 * 10^{-4}$	3.5974	63	15	4
10⁻⁵	p 法	—	36.6781	50	—	—
	Ap(1/20)	$0.7702 * 10^{-5}$	22.5615	81	1	7
	Ah(10/2)	$0.6074 * 10^{-5}$	27.5908	307	152	5
	hp(10/2)	$0.2696 * 10^{-5}$	14.4940	176	38	6

分析表 8 - 5 可以得到以下结论：

（1）三种自适应优化算法均能够对高超再入轨迹优化问题进行求解，不同精度要求下 p 法在优化过程中得到的微分—代数约束误差和优化计算时间相对来说最大。

（2）10^{-3} 精度要求下，采用全局伪谱方法优化计算时，50 个配点的优化时间在 36s 左右；而 Ap 法仅需 3 次迭代、41 个配点、10s 左右的时间便能得到满足精度要求的解。

（3）在 10^{-3} 和 10^{-4} 的不同精度要求下，Ah 法和 hp 法在优化速度、求解精度上相差不大，而 Ap 法的优化速度和精度相对来说要慢得多。

（4）随着精度要求的提高，hp 法的优化计算得到的解的精度相对来说更高。例如，在指定精度 10^{-5} 条件下，hp 法在求解精度和优化时间上比 Ah 法和 Ap 法具有优势，即以最少的计算代价获得了较高精度的解。

（5）精度要求提高的同时，优化所需的总配点数（节点数）、网格子区间的个数、迭代次数均相应增多。节点个数和段数的增多在提高了求解精度的同时，也相应地增加了计算代价，这符合伪谱法和 h 法求解最优控制问题的特点。

图 8 - 3 给出了在 10^{-4} 精度要求下，三种自适应伪谱方法优化结束时的节点分布特点（纵坐标无实际物理意义，仅为图示方便，将采用不同方法优化得到的节点分别投影于 $y = 1$、$y = 2$ 和 $y = 3$ 所代表的三条直线上），结合表 8 - 5 可以得到以下结论：

（1）Ap 法采用的是一个区间，通过增加区间内的配点个数来提高求解精度要求，整个优化过程中的节点分布保持了伪谱方法的两端密集、中间稀疏的特点。

（2）Ah 法将总的优化区间进行了划分，通过细化网格子区间的方式提高求解精度要求，所有子区间内的配点数相同，图中靠近的三个点构成一个子区间。

（3）hp 法同样将总的优化区间进行了划分，通过细化网格子区间或增加子区间内插值多项式的维数提高求解精度要求。与 Ah 法的配点分布方式不同，hp 法不具备统一的区间和节点分布方式。

整个分析过程表明：对于求解本节多约束条件下的轨迹优化问题，hp 法由于结合了 Ap 法的快速收敛性和 Ah 法的计算稀疏性，在求解的精度和优化时间上明显具有优势，相比其他两种自适应优化算法来说，能够以更有效的计算方式得到高精度的近似解。

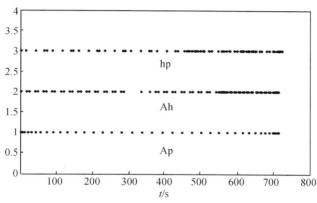

图 8 - 3　不同伪谱法的节点分布

8.1.5　自适应 hp - Radau 伪谱法优化性能分析

本节将具体给出在 10^{-4} 精度要求下，采用基于 hp 法的优化求解多约束条件下的高超再入轨迹优化问题时的仿真性能分析。

图 8 - 4 为优化得到的最优控制随时间的变化曲线。整个优化过程中，最优控制信号的变化速率随时间的变化曲线如图 8 - 5 所示。结合两图可以看出：

（1）优化过程中攻角和倾侧角的大小及变化速率均在要求的设定范围内。

（2）攻角大部分时间保持在 15°~20°之间，即保持大攻角飞行，最大程度地减少热载的作用，符合高超热防护的需求。

为了进一步分析 hp 法计算最优轨迹的精度，将优化得到的最优控制信号带入原运动微分方程中，用 Matlab 中的 ode45 命令进行数值积分，积分轨迹与最优轨迹间的对比结果见图 8 - 6。图 8 - 7 则给出了积分轨迹与最优轨迹间的误差

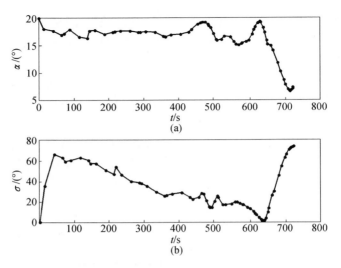

图 8 - 4　优化得到的最优控制随时间的变化曲线

（a）攻角变化—时间曲线；（b）倾侧角变化—时间曲线。

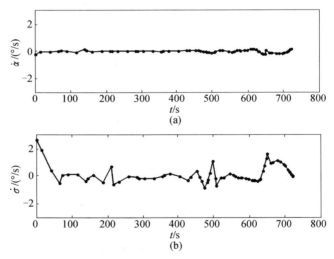

图 8 - 5　最优控制信号的变化速率随时间的变化曲线

（a）攻角变化率—时间曲线；（b）倾侧角变化率—时间曲线。

曲线，结合图 8 - 6 可以看出：

（1）各个状态轨迹的变化较为平滑。

（2）最优轨迹与积分轨迹间的误差很小。同时从表 8 - 5 中可以看到，在 10^{-4} 精度要求下，优化结束时的微分—代数约束的最大误差为 0.0802×10^{-4}，远小于设定的精度要求。

此外,本书的仿真是在普通的 PC 机上进行的,CPU 为 1.73G/ Pentimu Dual,内存为 DDR1.0G,操作系统为 Windows XP,编程环境为 Matlab R2009a。从表 8 – 5 中可以看到,基于 hp 伪谱方法的优化策略仅需 3s 左右的时间就能得到一条实际飞行时间为 700s 左右的最优轨迹。

整个分析过程表明,hp 法比 p 法更具备轨迹在线快速优化的潜力。

图 8 – 8 为路径约束随时间变化曲线,可以看出:

（1）热流密度、动压和过载约束均能得到满足,且在设定的范围内。

（2）热流密度的峰值出现在再入初期,随着高度的降低和大气密度的增大,动压和过载则逐渐变大,符合高超再入轨迹的特点。

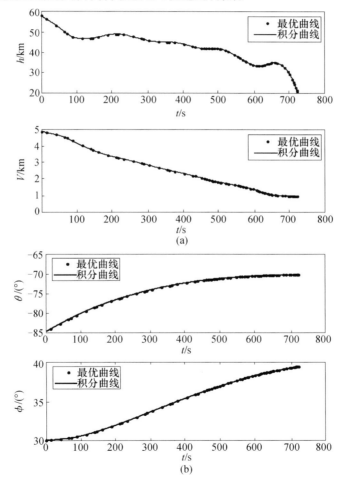

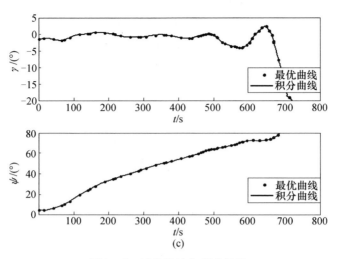

(c)

图 8 - 6　最优轨迹与积分轨迹

（a）高度—速度曲线；（b）经度—纬度曲线；（c）飞行路径角—航向角曲线。

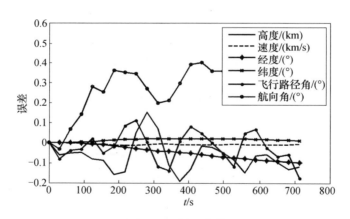

图 8 - 7　误差曲线

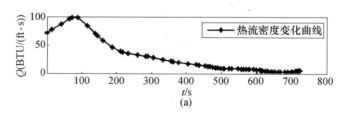

(a)

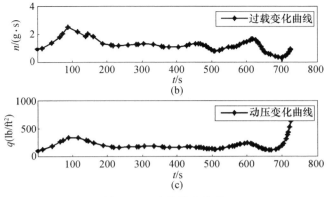

图 8 - 8 路径约束曲线

（a）热流密度变化曲线；（b）过载变化曲线；（c）动压变化曲线。

8.2 再入突防轨迹优化与分析

当高超声速飞行器用于军事应用时,如通用飞行器(Common Aero Vehicle,CAV),除了需要满足热流密度、过载、动压等约束条件外,还要受到其他约束条件的限制[174]。例如,地理政治学区域上的约束,飞行器的飞行轨迹必须绕过这些被限制的区域;出于侦查、飞行任务或多种有效载荷的部署调整等原因,飞行器必须精确地飞经某些设定好的路径点;随着各种防御系统的日益完善,其飞行轨迹还需绕过敌方武器杀伤区。于是,寻找一条能够准确经过设定的路径点、成功绕开禁飞区和拦截区域的飞行轨迹成为近年来突防轨迹优化问题的研究热点之一。

本节针对含路径点和禁飞区等实际约束的再入突防轨迹优化问题,给出了一种基于自适应 hp - Radau 伪谱法的多阶段轨迹优化策略。在第 6 章的三维再入轨迹优化模型的基础上,加入路径点和禁飞区约束,针对带路径点和禁飞区约束的复杂优化模型,通过引入内点(连接点)的概念,将路径点、禁飞区转化为内点约束,形成一个多阶段优化问题,结合 hp 自适应节点配置方式,统一于一个优化模式下求解。

8.2.1 突防轨迹优化问题阐述

1. 优化模型

本节的突防轨迹优化的数学模型仍采用 6.1 节描述的三自由度再入动力学与运动学方程。文献[175]指出,当飞行速度大于 8Ma 时,升阻比系数的变化对马赫数不敏感,因此本节将升阻比系数简化为攻角的函数,即

$$C_L = a_1\alpha + a_0 \quad C_D = b_2\alpha^2 + b_1\alpha + b_0 \qquad (8-1)$$

式中：$a_1 = 0.048434$；$a_0 = -0.13375$；$b_2 = 0.000908$；$b_1 = -0.008172$；$b_0 = 0.1061$。

2. 约束条件

1）过程约束

参考 6.1.2 节，再入过程中的热流密度、过载、动压约束为

$$\begin{cases} \dot{Q} = k\sqrt{\rho(r)}\,V^{3.15} \leqslant \dot{Q}_{max} \\ n = |L\cos\alpha + D\sin\alpha| \leqslant n_{Zmax} \\ q = \dfrac{1}{2}\rho(V)^2 \leqslant q_{max} \end{cases} \qquad (8-2)$$

2）终端约束

终端条件约束为具体的位置约束，此处考虑终端高度和速度约束，即

$$h(t_f) \geqslant h_f,\ V(t_f) \geqslant V_f \qquad (8-3)$$

3）控制变量约束

攻角和倾侧角为相应的控制变量。为了保证 CAV 的稳定性，需要在整个飞行过程中对攻角和倾侧角的大小及变化速率加以限制，即

$$|\alpha| \leqslant \alpha_{max}\ |\sigma| \leqslant \sigma_{max}\ |\dot{\alpha}| \leqslant \dot{\alpha}_{max}\ |\dot{\sigma}| \leqslant \dot{\sigma}_{max} \qquad (8-4)$$

4）路径点约束[174]

路径点是为飞行任务、搜索目标、有效载荷传输等需求而设定的飞行器必须经过的地理位置，而对飞经该点的其他条件（如时间、高度、速度等）均可不做约束。本节将飞过位置的经纬度作为具体的路径点，即

$$\begin{cases} \theta(t_i) = \theta_i \\ \phi(t_i) = \phi_i \end{cases} \quad (i = 1,2,\cdots,i_{end}) \qquad (8-5)$$

式中：i 为路径点的个数。

5）禁飞区约束[174]

禁飞区是为了避开由于地理限制、威胁等原因而造成的飞行器不可接触的领空，通常情况下可将其近似为一个具有无穷高度的圆形区域。令 (θ_{cj}, ϕ_{cj}) 表示禁飞区的坐标中心，R_j 表示半径（此处用地心的圆心角表示），则其数学表达式为

$$\underset{j=1,2,\cdots j_{end}}{S} = \frac{1}{2}(R_j^2 - \Delta\theta_j^2 - \Delta\phi_j^2) \leqslant 0 \quad (j = 1,2,\cdots,j_{end}) \qquad (8-6)$$

式中：j_{end} 为禁飞区的个数；$\Delta\theta_j = \theta(t) - \theta_{cj}$，$\Delta\phi_j = \phi(t) - \phi_{cj}$；$\theta(t)$，$\phi(t)$ 为飞行器位置坐标。

3. 性能指标

对于突防问题来说，飞行时间是一个很重要的因素。考虑以到达指定目标点、飞行时间最短为优化的性能指标，即

$$J = \min t_f \qquad\qquad (8-7)$$

8.2.2 突防轨迹优化的难点与优化方法的选取

1. 突防轨迹优化问题的难点

（1）考虑地球旋转作用的高精度再入动力学与运动学方程为一时变非线性微分方程组，控制变量隐含于方程中，很难采用间接解法获得解析解。同时，再入过程中的高度和马赫数变化范围大，气动参数存在强烈非线性耦合特性，再入轨迹对控制变量高度敏感。

（2）再入飞行过程中受到的热流密度、动压、过载的严格约束，使得再入轨迹的可行域限制在较为狭窄的范围内，终端状态的严格要求使得已经很难找到最优解甚至可行解，再加上路径点和禁飞区的考虑，更加增大了轨迹优化的难度，传统的轨迹优化解法无法有效地处理路径点和禁飞区约束。

2. 突防轨迹优化方法的选取

现有文献主要是通过以下两种方法解决这一问题。

（1）直接打靶法。文献[130]利用直接打靶法求解了含路径点、勿入区域及拦截导弹杀伤区等实际问题的全程突防弹道；文献[176]提出了基于 Akima 插值多项式的直接打靶优化策略。

（2）基于全局 Gauss 伪谱方法的多阶段优化策略。Jorris[174] 基于 Gauss 伪谱法，利用简化的二维高超巡航飞行器模型和简化的三维 CAV 模型初步研究了满足路径点和禁飞区约束的轨迹优化问题，指出伪谱法可以应用于求解含路径点和禁飞区等实际约束的轨迹优化问题中。文献[177]在文献[174]的基础上，研究了全局 Gauss 伪谱法在求解可变路径点的最优轨迹优化问题中的应用。

采用直接打靶法求解含路径点和禁飞区约束的轨迹优化问题，一般是基于 POST 轨迹优化软件包（两点边值求解器）进行的，需要将优化问题划分为几个阶段，作为一个分段问题，依次优化求解。在求解过程中，只对控制变量进行离散化，状态变量由高阶积分算法决定，这导致要花费较长时间寻找最优轨迹。基于全局 Gauss 伪谱法的求解策略通过将路径点和禁飞区转化为内点约束，与打靶法类似也将问题分段，但是在基于伪谱法的优化软件包 GPOCS 内统一求解一个多点边值问题。相比之下，能够有效地处理路径点和禁飞区约束，同时避免了

状态变量的高阶积分过程。

就目前来看,多阶段优化解法是求解含路径点和禁飞区约束的轨迹优化问题的主要解法。多阶段[132](Multi – Phase)最优控制问题是指优化模型包含多个状态阶段,各阶段之间依靠时间、状态量衔接,同时进行优化,提高优化算法的自适应性。近年来,大量学者对 Gauss 伪谱法在求解多阶段最优控制问题中的应用进行了研究,例如:文献[133]给出了一个基于 Gauss 伪谱法的通用伪谱优化软件包,它允许使用者根据实际情况将求解问题划分为多个阶段,并通过内点约束将多个阶段连接起来,求解一个多点边值问题;文献[134]利用 Gauss 伪谱法求解了固体运载火箭上升段轨迹快速优化问题(优化模型不唯一);文献[135]介绍了 Gauss 伪谱法在求解多段轨迹优化问题时奇异弧段处理方法、端点控制量的计算方法等。但从 Gauss 伪谱法的离散化过程中可以发现,将 Gauss 伪谱法用于求解多阶段最优控制问题存在以下缺点:①不能直接得到边界点上的控制变量;②子段或子区间端点上的状态变量需要通过积分过程得到。最近,文献[125]指出 Radau 伪谱法在用于多段离散化时可以避免 Gauss 伪谱法的这一缺点。同时,基于全局伪谱法求解多阶段最优控制问题时,每段内的节点个数是人为设定的,不具备自适应性,可能会造成如下缺点:①节点个数较少,优化得不到最优解;②节点个数较多,需要大量的优化时间,增加了计算代价。而第 3 章的研究结果表明了自适应伪谱方法能够根据具体需要自动调整区间分布和节点的配置方式,能够有效捕捉状态变量和控制变量的快速变化特性、不连续性及非平滑性,以较少的计算代价和记忆获得较高精度的解。

综合以上原因,本节在第 6 章的基础上,将自适应 hp – Radau 伪谱法作为求解含路径点和禁飞区约束的突防轨迹优化问题的基本方法。

8.2.3 多阶段优化解法的一般性描述

将原始时间区间 $I = [t_0, t_f]$ 划分为 P 段 $I_p = [t_{p-1}, t_p]$ $(p = 1, 2, \cdots P)$。其中,$\bigcap\limits_{p=1}^{P} I_p = \varnothing$,$\bigcup\limits_{p=1}^{P} I_p = I$,$\varnothing$ 表示空集,P 表示阶段数。

于是,含路径点和禁飞区约束的突防轨迹优化问题可描述为下列多阶段最优控制问题:同时寻找控制变量 $\boldsymbol{u}^{(p)}(t) \in \mathbf{R}^{m_p}$,最小化具有下列 Bolza 型的性能指标[133],即

$$
\begin{aligned}
\boldsymbol{J} &= \sum_{p=1}^{P} \boldsymbol{J}^{(p)} \\
&= \sum_{p=1}^{P} \left[\varnothing^{(p)} \left(\boldsymbol{x}^{(p)}(t_0), t_0, \boldsymbol{X}^{(p)}(t_f), t_f; \boldsymbol{q}^{(p)} \right) + \right.
\end{aligned}
$$

$$L^{(p)}(\boldsymbol{x}^{(p)}(t),\boldsymbol{u}^{(p)}(t_f),t;\boldsymbol{q}^{(p)})\,\mathrm{d}t] \tag{8-8}$$

满足

$$\begin{cases} \dot{\boldsymbol{x}}^{(p)} = \boldsymbol{f}^{(p)}(\boldsymbol{x}^{(p)},\boldsymbol{u}^{(p)},t;\boldsymbol{q}^{(p)}) \\ \boldsymbol{\varphi}_{\min} \leqslant \boldsymbol{\varphi}^{(p)}(\boldsymbol{x}^{(p)}(t_0),t_0^{(p)},\boldsymbol{x}^{(p)}(t_f),t;\boldsymbol{q}^{(p)}) \leqslant \boldsymbol{\varphi}_{\max} \\ \boldsymbol{C}^{(p)}(\boldsymbol{x}^{(p)}(t),\boldsymbol{u}^{(p)}(t),t;\boldsymbol{q}^{(p)}) \leqslant 0 \\ \boldsymbol{P}^{(s)}(\boldsymbol{x}^{(p_l^s)}(t_f),t_f^{(p_l^s)};\boldsymbol{q}^{(p_l^s)},\boldsymbol{x}^{(p_r^s)}(t_0),t_0^{(p_r^s)};\boldsymbol{q}^{(p_r^s)}) = 0 \end{cases} \tag{8-9}$$

式中:$\boldsymbol{x}^{(p)}(t) \in \mathbf{R}^{n_p}$,$\boldsymbol{u}^{(p)}(t) \in \mathbf{R}^{m_p}$,$\boldsymbol{q}^{(p)}(t) \in \mathbf{R}^{q_p}$分别为$p \in [1,\cdots,P]$阶段内的状态量、控制量和静参数;$\dot{\boldsymbol{x}}^{(p)}$,$\boldsymbol{\varphi}^{(p)}$,$\boldsymbol{C}^{(p)}$分别为$p$阶段内系统受到的动态约束、边界约束、路径不等式约束;$\boldsymbol{P}^{(s)}$为阶段之间的链接(内点)约束;$p_l^s \in [1,\cdots,P]$ $(s=1,\cdots,L)$为与第s连接点相邻的左侧阶段号;$p_r^s \in [1,\cdots,P]$ $(s=1,\cdots,L)$为与第s连接点相邻的右侧阶段号;$L=P-1$为连接点个数,即要求相邻两个阶段的状态连续。故$\boldsymbol{P}^{(s)}$可具体化为如下连接约束条件,即

$$\boldsymbol{X}_0^{(p+1)} = \boldsymbol{X}_f^{(p)} \qquad t_0^{(p+1)} = t_f^{(p)}$$

注:对由式(8-8)和式(8-9)所构成的多段轨迹优化问题,在每段内均利用第3章中的自适应 hp-Radau 伪谱方法将最优控制问题转化为非线性规划问题。

8.2.4 路径点和禁飞区的内点约束

根据8.2.3节的多阶段优化解法,参考文献[174],将路径点约束和禁飞区不等式约束统一地转化为等式内点约束,考虑如下所示的内点约束。

路径点的内点约束表示为

$$\begin{cases} \theta(t_i) - \theta_i = 0 \\ \phi(t_i) - \phi_i = 0 \end{cases} \qquad (i = 1,2,\cdots,i_{\mathrm{end}}) \tag{8-10}$$

式中:i_{end}为路径点的个数。

禁飞区的内点约束表示为

$$\begin{cases} S(X(t_j),t_j) = \dfrac{1}{2}(R_j^2 - \Delta\theta_j^2 - \Delta\phi_j^2) = 0 \\ S^{(1)}(X(t_j),t_j) = -\Delta\theta_j\dfrac{V\cos\gamma\cos\psi}{r\cos\phi} - \Delta\phi_j\dfrac{V\cos\gamma\sin\psi}{r} = 0 \end{cases} \qquad (j = 1,2,\cdots,j_{\mathrm{end}})$$

$$\tag{8-11}$$

式中:$S^{(1)}$为S关于时间t的一阶导数。

8.2.5 仿真分析

仿真实例中,取路径点和禁飞区的个数均为1。表8-6给出了相应的地理坐标及范围(对于多路径点和多禁飞区的情况是类似的)。表8-7给出了与飞行器有关的参数设置。

表8-6 任务描述

约束	经度/(°)	纬度/(°)	半径/(°)
初始点	W80.4	N28.3	
路径点	W10.7	N19.8	
禁飞区	E26.7	N31.5	8.5
目标点	E35.8	N25.6	
$h_0 = 122\mathrm{km}; V_0 = 7.3152\mathrm{km/s}; \gamma_0 = -1.5°; \psi_0 = 4°$			

表8-7 飞行器参数与相关常数

变 量	符 号	取值/单位
飞行器质量	m	907.186kg
气动参考面积	S_{ref}	0.4839m^2
标准大气密度	ρ_0	1.225kg/m^3
地球半径	R_0	6378km
参考高度	r_0	7200km
地球旋转角速度	Ω	7292115×10^{-11} rad/s
地球表面重力加速度	g_0	9.81m/s^2

表8-8给出了仿真过程中设定的过程约束——热流密度、过载、动压的最大限制值及相应的终端约束条件。

表8-8 过程约束和终端约束

热流密度 $\dot{Q}_{\max}/(\mathrm{W/cm^2})$	过载 $n_{Z\max}/\mathrm{kPa}$	动压 $q_{\max}$
600	1200	4
高度	速度	
$\geqslant 25\mathrm{km}$	$\geqslant 2\mathrm{km/s}$	

优化过程中的状态变量和控制变量的边界限制为

$$\begin{cases} 0 \leqslant h \leqslant 150\text{km} \\ -90° \leqslant \theta \leqslant 90° \\ -89° \leqslant \phi \leqslant 89° \\ 0 \leqslant V \leqslant 8\text{km/s} \\ -89° \leqslant \gamma \leqslant 89° \\ -180° \leqslant \psi \leqslant 180° \\ -20° \leqslant \alpha \leqslant 20° \\ -80° \leqslant \sigma \leqslant 80° \end{cases} \quad \begin{cases} -5°/\text{s} \leqslant \dot{\alpha} \leqslant 5°/\text{s} \\ -5°/\text{s} \leqslant \dot{\sigma} \leqslant 5°/\text{s} \end{cases}$$

图 8-9 为采用多段优化方法得到的最优控制随时间变化曲线,可以看出:

(1)控制变量在整个优化过程中没有出现大的跳变,基本满足了对边界控制的要求,其大小和变化率均在设定的限制范围之内。

(2)除了初始下降段的一小段时间内最优攻角出现了负值,其余均为正,且大部分时间维持在10°~15°之间,保持了大攻角的飞行特性,满足高超声速飞行器的热防护特性需求。

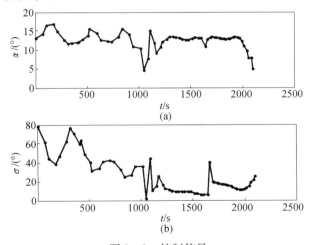

图 8-9 控制信号

(a)攻角—时间变化曲线;(b)倾侧角—时间变化曲线。

图 8-10 为优化得到的最优状态变量随时间变化曲线,可以看出:

(1)子段间的状态变量衔接变化较为平滑,验证了多段优化策略中链接约束的有效性。

(2)飞行路径角在整个飞行过程中变化较为平缓,保证了整个飞行过程中不会出现大的震荡现象。

(3)终端约束条件得到满足,高度、速度和飞行路径角均在设定的约束范围之内。

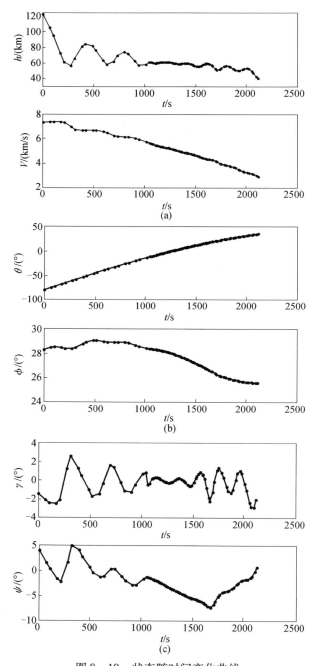

图 8 - 10　状态随时间变化曲线

（a）高度—速度曲线；（b）经度—纬度曲线；（c）飞行路径角—航向角曲线。

对图 8 – 9 和图 8 – 10 的分析表明了采用内点的概念处理路径点和禁飞区约束,求解多点边值问题的可行性。

图 8 – 11 为优化得到的最优轨迹在地面的投影,其中包含了仅考虑路径点约束情况下的仿真结果;图 8 – 12 为图 8 – 11 的局部放大示意图。可以看出:

(1)两种情况下,飞行器的飞行轨迹均精确地通过了设定的路径点。

(2)在以飞行时间最短为优化性能指标的情况下,仅考虑路径点约束与同时考虑路径点、禁飞区约束,优化所到的最优轨迹在地面的投影是不同的;对于存在禁飞区约束的情况,实际飞行轨迹需要做一定的机动以绕过禁飞区,到达指定的目标点位置。

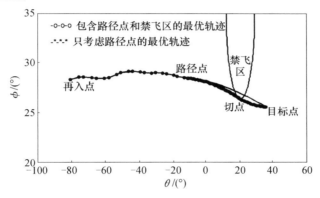

图 8 – 11　最优轨迹的地面投影

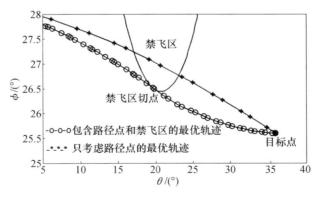

图 8 – 12　地面投影的局部放大图

为了更好地说明多段优化策略的有效性和实用性,同时给出采用全局 Radau 伪谱法(global 方法)和自适应 hp – Radau 伪谱法优化求解时的禁飞区边界规避情况的局部放大图,如图 8 – 13 所示。明显看出:

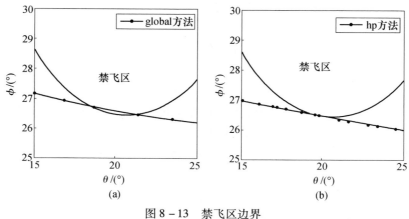

图 8 - 13 禁飞区边界

（a）global 方法；（b）hp 方法。

（1）全局节点配置方式下，禁飞区的边界约束虽然在节点上得到满足，但无法确定节点间的轨迹精度满足情况，优化得到的最优轨迹穿过了禁飞区。

（2）自适应节点配置方式下，根据设定的解的误差判定准则——微分—代数约束在配点间的被满足程度，自动检测节点间的轨迹精度满足情况，重新定义了区间网点位置，将区间做进一步细化，较好地规避了禁飞区。

优化过程中的路径约束随时间的变化曲线如图 8 - 14 所示，可以看出：

（1）热流密度、动压和过载的变化均在设定的约束范围之内。

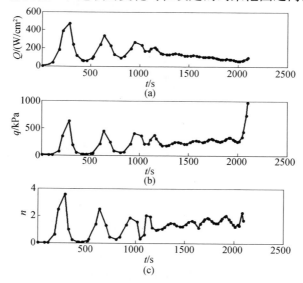

图 8 - 14 路径约束变化曲线

（a）热流密度—时间曲线；（b）动压—时间曲线；（c）过载—时间曲线。

（2）再入初期（下降段），热流约束起主要作用；在随后的滑翔段，由于飞行高度的降低和大气密度的增大，动压和过载逐渐起主要作用，均在设定的约束范围之内变化。

综合本节的仿真结果可以发现，采用基于自适应 hp 伪谱法的多阶段优化方法处理含路径点和禁飞区约束的突防轨迹优化问题，能够兼顾多方面的指标要求，较好地处理了路径点和禁飞区约束。

8.3　本章小结

本章研究了自适应伪谱法轨迹优化算法在求解多约束条件下的高超声速飞行器再入轨迹快速优化中的应用，分别完成了以热载最小为性能指标的再入轨迹优化和以飞行时间最短为性能指标的突防轨迹优化，主要工作和结论如下：

（1）应用第 7 章所给的三种自适应轨迹优化策略和全局伪谱法优化策略求解了到达指定目标点、热载最小的再入轨迹优化问题。从优化时间、收敛速度、计算精度等方面对四种优化方法进行了比较分析，结果表明三种自适应伪谱法比全局伪谱法在求解时间上均具有优势，相比之下自适应 hp 伪谱法在求解精度和计算代价上更具优势。

（2）将采用自适应 hp 伪谱优化算法得到的最优轨迹与在相同最优控制变量作用下的数值积分轨迹相比较，验证了轨迹优化算法的有效性。在 Matlab 环境下，能够在 3s 左右优化出一条实际飞行时间 700s、精度为 0.0802×10^{-4} 的多约束条件下的再入轨迹，表明自适应 hp – Radau 伪谱法能够以更有效的计算方式提供更高精度的解，具有实时应用的潜力。

（3）利用自适应 hp 伪谱法优化求解了含路径点和禁飞区约束的突防轨迹。引入连接点的定义将路径点和禁飞区转化为内点约束，形成了多阶段最优控制问题，结合自适应节点配置方式，在通用伪谱优化软件包内统一求解了一个多点边值问题。仿真结果验证了该方法的有效性和实用性，同时表明了自适应节点配置方式比全局节点配置方式能够更好地捕捉解的非平滑性，更好地处理禁飞区的规避问题。

约束条件的增加在一定程度上增加了优化求解过程的难度，如何将本章方法扩展用于含路径点和禁飞区的全程（上升段、再入段、末攻击段）突防轨迹快速优化问题的求解是一个值得研究的方向。

根据 8.1 节的比较结果，本书将自适应 hp – Radau 伪谱轨迹优化算法作为第 9 章实时制导方法的基础。

第9章　基于 hp - Radau 伪谱法的再入飞行器实时最优制导方法

再入制导方法的自动化和鲁棒性是高超声速飞行器总体方案及其支撑技术设计中的一个热门研究领域。传统的再入制导自动化的核心是根据飞行器的当前状态在线快速生成一条可行的再入飞行参考轨迹[14]，然后设计一种具有较强鲁棒性的控制方法来跟踪此参考轨迹，以克服实际飞行过程中的模型误差、导航信息噪声及外界干扰的作用[15,16]。随着新型再入飞行器的出现、计算能力的提高和数值优化算法的进步，再入制导方法正沿着实时、在线轨迹生成、控制重构和制导自适应的方向发展[169-177]，各种非传统的再入制导方法成为目前高超声速飞行器再入制导方法的研究热点。

本章对基于轨迹在线快速生成技术的实时制导方法进行了研究。实时、在线轨迹生成制导法的前提是非线性系统最优控制的实时计算，即寻找一种有效、可靠的数值最优控制算法。基于非线性动态模型实时优化[178]的反馈控制（非线性模型预测控制）是其中一种，但它需要将非线性系统沿最优轨迹线性化来提供闭环反馈控制，在一定程度上限制了系统的某些性能，如缩小了最大安全可达区域。近年来，利用伪谱方法实现最优反馈的控制算法得到了广泛的关注。文献[179]介绍了伪谱最优反馈控制的基本理论；文献[180]给出了两种基于伪谱方法的实时反馈控制算法（自由采样、固定采样），在仅考虑计算误差的情况下，对自由采样频率下的闭环控制系统的稳定性进行了分析，将其应用到机械臂和倒立摆的控制问题上；文献[181]基于勒让德伪谱法（Legendre Pseudospectral Method，LPM）的直接—间接动态优化软件包（Direct and Indirect Dynamic Optimization，DIDO）实时求解了非线性系统的最优控制问题；文献[110]设计了一种基于高斯伪谱法的实时最优预测校正制导算法，主要思想是在航路点间进行轨迹的在线生成，属于一种局部的轨迹在线生成方法。伪谱方法能够实时求解最优控制问题的优点，使得通过实时开环最优控制构成闭环反馈成为可能，但对于闭环应用来说，解的精度、收敛速率和优化计算时间是三个重要的因素。文献[170,171]对采用伪谱法求解的最优控制问题数值解的存在性和收敛性进行了研究，指出具有 $1/N^{[(2m-1)-3]/3}$（N 为节点个数，m 为原最优控制问题的平滑度）的收敛速率；文献[122]指出采用伪谱法求解最优控制问题数值解时，近似最优解的精度、优化计算时间与节点的分布方式相关,指出源自流体力学中的 hp 节点配置方式能够以更有效的计算效率得到高精度的解。

本章在文献[180]的基础上,利用第 3 章中的自适应 hp – Radau 伪谱方法实现再入轨迹的快速优化,给出了两种实时最优制导算法。9.1 节阐述了非线性系统的实时最优反馈控制问题。9.2 节和 9.3 节首先分别给出了固定采样频率下的实时最优制导算法步骤和自由采样频率下的实时最优制导算法步骤;然后,在考虑各种误差、模型参数不确定性和干扰的情况下,分别对在两种制导算法作用下的闭环控制系统的稳定性进行了理论分析和证明;最后,考虑标准条件(不考虑模型参数不确定性和外界干扰的理想模型)和干扰条件(考虑模型参数不确定性和外界干扰的实际模型)两种情况,对两种制导算法的制导性能进行了仿真分析。

9.1 固定采样频率下的实时最优制导算法研究

考虑一般形式的理想非线性系统模型,即

$$\dot{x} = f(x(t), u(t), p_0) \qquad (9-1)$$

式中:p_0 为系统标称参数;$t \to x(t) \in X \subset R^{N_x}$ 为系统的状态向量;$(t, x) \to u(t, x) \in U \subset R^{N_u}$ 为系统的控制向量;X 为状态空间;U 为控制空间;$f: R^{N_x} \times R^{N_u} \times R \to R^{N_x}$ 为一个状态、控制参数化的向量空间,关于其变量是 Lipschitz 连续的。

非线性系统最优反馈控制是指求解下述 Bolza 类型代价函数的优化问题[133],即

$$\min J[x(\cdot), u(\cdot)] = E(x(t_0), x(t_f)) + \int_{t_0}^{t_f} F(x(t), u(t)) \mathrm{d}t \quad (9-2)$$

动态约束

$$\dot{x}(t) = f(x(t), u(t), p_0) \qquad (9-3)$$

等式约束(边界约束)

$$\Phi(x(t_0), t_0, x(t_f), t_f) = 0 \qquad (9-4)$$

路径不等式约束

$$C(x(t), u(t), t) \leqslant 0 \qquad (9-5)$$

式中:$t \in [t_0, t_f]$;末端时间 t_f 可以是有限的,也可以趋向于无穷。

由于飞行器在实际飞行过程中,不可避免地受到模型参数不确定性、外界扰动等因素的作用,因此对于实际的非线性系统,如式(9-6)所示,需要引入闭环

最优反馈控制,来抑制飞行器受到的模型参数不确定性和外界扰动等因素的影响。

$$\dot{\boldsymbol{x}} = \boldsymbol{f}(\boldsymbol{x}, \boldsymbol{u}, t; \boldsymbol{p}) + \boldsymbol{d}(t) \tag{9-6}$$

式中:$\boldsymbol{p}$ 为系统参数,其标称值为 $\boldsymbol{p}_0$;$\boldsymbol{d}(t)$ 为系统所受到的干扰。

针对式(9-6)所受到的模型参数不确定性和外界干扰的作用,本章采取通过连续在线、实时生成开环最优控制的方式提供闭环反馈,抑制模型模型参数不确定性和外界干扰的影响,基于自适应 hp-Radau 伪谱方法设计了两种实时最优制导算法:固定采样频率下的实时最优反馈控制和自由采样频率下的实时最优反馈控制。

9.2 固定采样频率下的实时最优制导算法研究

9.2.1 算法步骤

图 9-1 给出了固定采样频率下的实时最优制导流程——开环最优控制的连续作用过程。

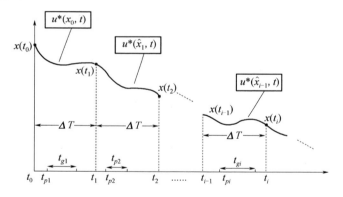

图 9-1 开环最优控制的连续作用过程

图 9-1 中:t_0 为初始时刻;$t_i(i=1,2,\cdots)$ 为采样时刻;ΔT 为设定的系统固定采样周期;$x(t_0)$ 为状态的初始猜测值;$x(t_i)$($i=1,2,\cdots$)为 t_i 时刻的状态实际测量值;$\hat{x}_i$($i=1,2,\cdots$)为 t_i 时刻的状态预报值;t_{pi}($i=1,2,3,\cdots$)表示从 t_{i-1} 时刻开始,在开环最优控制 $\boldsymbol{u}^*(\hat{x}_{i-1}, t)$ 的作用下,预报 t_i 时刻的状态值所需要的计算时间(采用 Runge-Kutta 法,通常很短);$t_{gi}(i=1,2,3,\cdots)$ 表示以 t_i 时刻状态预报值 $\hat{x}_i$ 为初始条件,以 $\boldsymbol{x}_f$ 为末端条件,采用自适应 hp-Radau 伪谱法计算开环最优控制 $\boldsymbol{u}^*(\hat{x})_i, t)$,$t \in [t_i, t_f]$ 所需的计算时间。

146

具体的算法步骤如下：

（1）选定节点个数 N，选定初始状态猜测值 $\boldsymbol{x}_0 = \boldsymbol{x}(t_0)$，利用自适应 hp – Radau 伪谱方法离线优化计算开环最优控制 $\boldsymbol{u}_0^* = \boldsymbol{u}^*(x_0, t)$，设定系统的采样周期 ΔT；在 $[t_0, t_1]$（其中，$t_1 = t_0 + \Delta T$）内，将开环最优控制 $\boldsymbol{u}_0^*$ 作用于系统上，同时对 t_1 时刻的状态值进行预报，记预报值为 $\hat{\boldsymbol{x}}(t_1)$；接着以预报值 $\hat{\boldsymbol{x}}(t_1)$ 为初始条件，在 $[t_1, t_f]$ 内利用自适应 hp – Radau 伪谱法在线计算开环最优控制 $\boldsymbol{u}_1^* = \boldsymbol{u}^*(\hat{\boldsymbol{x}}_1, t)$。

（2）以状态的实际测量 $\boldsymbol{x}(t_{i-1})$ 为初始条件，在 $[t_{i-1}, t_i]$（$t_i = t_{i-1} + \Delta T$）内，将开环最优控制 $\boldsymbol{u}_{i-1}^*(\hat{x}(t_{i-1}), t)$ 作用于系统上，并对 t_i 时刻的状态值进行预报，记预报时间为 t_{pi}，预报值为 $\hat{\boldsymbol{x}}(t_i)$。

（3）以状态预报值 $\hat{\boldsymbol{x}}(t_i)$ 作为初始条件，在 $[t_i, t_f]$ 内利用自适应 hp – Radau 伪谱法计算新的开环最优控制 $\boldsymbol{u}_i^*(\hat{\boldsymbol{x}}(t_i), t)$，并记优化计算时间为 t_{gi}。

（4）搜集新的状态测量值 $\boldsymbol{x}(t_i)$。若 $t_{pi} + t_{gi} \leqslant \Delta T$，则令 $i = i + 1$，返回步骤（2）；若 $t_{pi} + t_{gi} > \Delta T$，则在 $[t_i, t_{i+1}]$ 内应用开环最优控制 $\boldsymbol{u}_{i-1}^*(\hat{x}(t_{i-1}), t)$（$t \in [t_i, t_{i+1}]$），同时对 t_{i+1} 时刻状态值进行预报，记为预报值为 $\hat{\boldsymbol{x}}(t_{i+1})$，令 $i = i + 1$ 返回步骤（3）。

9.2.2 稳定性分析

从 9.2.1 节的算法步骤中可以看到，该算法在实施的过程中受到了计算误差和预报误差的影响，而在实际应用过程中还会受到各种模型参数的不确定性和外界干扰的影响。在这些影响因素下，闭环控制系统的稳定性是保证该算法能够成功应用的一个重要因素。

下面，主要针对 $t_{pi} + t_{gi} \leqslant \Delta T (i = 1, 2, \cdots)$（对于存在某个 $t_{pi} + t_{gi} > \Delta T$ 的情况是类似的，在此不加以重复）的情况，综合考虑计算误差、预报误差、模型参数不确定性和外界干扰对系统造成的影响，从理论上给出在 9.2.1 节算法作用下的闭环控制系统的稳定性分析和结论。

假设以下条件成立（除特殊标明外，$\| \cdot \|$ 均表示 L2 范数），即

（1）系统（9 – 6）受到的模型参数不确定性和外界干扰有界，即存在正常数 $\varepsilon_p > 0$ 和 $\varepsilon_d > 0$，使得下列不等式成立，即

$$\| \boldsymbol{p} - \boldsymbol{p}_0 \|_{L^\infty} \leqslant \varepsilon_p \quad \| \boldsymbol{d} \|_{L^\infty} \leqslant \varepsilon_d$$

（2）函数 $\boldsymbol{f}(\boldsymbol{x}, \boldsymbol{u}, t; \boldsymbol{p})$ 关于其变量满足局部 Lipschitz 连续条件，即存在常数 $L_{fx} > 0$，$L_{fu} > 0$，$L_{fp} > 0$，使得

$$\| \boldsymbol{f}(\boldsymbol{x}, \boldsymbol{u}, \boldsymbol{p}) - \boldsymbol{f}(\boldsymbol{y}, \boldsymbol{v}, \boldsymbol{q}) \| \leqslant L_{fx} \| \boldsymbol{x} - \boldsymbol{y} \| + L_{fu} \| \boldsymbol{u} - \boldsymbol{v} \| + L_{fp} \| \boldsymbol{p} - \boldsymbol{q} \|$$

（3）令 $\boldsymbol{u}^*(\boldsymbol{x}^1,t)$ 和 $\boldsymbol{u}^*(\boldsymbol{x}^2,t)$ 分别是以 $\boldsymbol{x}^1$ 和 $\boldsymbol{x}^2(\boldsymbol{x}^1$ 和 $\boldsymbol{x}^2$ 任意取定）为初始状态，$\boldsymbol{x}_f$ 为末端状态，采用自适应 hp-Radau 伪谱法优化得到的开环最优控制。设存在常数 $L_1>0$，使得对任意的 $t\in[t_0,\infty)$，有下列不等式成立，即

$$\|\boldsymbol{u}^*(\boldsymbol{x}^1,t)-\boldsymbol{u}^*(\boldsymbol{x}^2,t)\|\leqslant L_1\|\boldsymbol{x}^1-\boldsymbol{x}^2\|$$

该条件表示任意两个最优控制的差是有界的，其界值的大小仅与优化计算最优控制时的两个初始状态的差有关。

（4）由模型参数不确定性和外界干扰所引起的预报误差一致有界，即存在常数 $\delta>0$，使得对任意的 $t\in[t_0,\infty)$，有 $|\hat{\boldsymbol{x}}(t_i)-\boldsymbol{x}(t_i)|\leqslant\delta$ 成立。

（5）设 $\boldsymbol{u}_i^*(t)$ 和 $\boldsymbol{u}_i(t)$ 是由 9.2.1 节算法得到的开环最优控制和实际作用于系统上的控制。由于计算误差和预报误差的存在，有 $\boldsymbol{u}_i^*(t)\neq\boldsymbol{u}_i(t)$，假设计算误差和预报误差一致有界，则存在常数 $\varepsilon>0$，对任意的 $t\in[t_i,t_{i+1}]$，有

$$|\boldsymbol{u}_i^*(t)-\boldsymbol{u}_i(t)|\leqslant\varepsilon$$

（6）对任意的状态初始值 $\boldsymbol{x}(t_0)=\boldsymbol{x}_0$，由式（9-2）～式（9-5）构成的最优控制问题都有一个最优解 $\boldsymbol{u}^*(\boldsymbol{x}_0,t)$；且对非线性系统 $\dot{\boldsymbol{x}}=\boldsymbol{f}(\boldsymbol{x},\boldsymbol{u}^*(\boldsymbol{x}_0,t),\boldsymbol{p}_0)$，存在正常数 $c_i(i=1,\cdots,4)$ 和 Lyapunov 函数 $V(\boldsymbol{x})\in C^1$，满足

$$c_1\|\boldsymbol{x}\|^2\leqslant V(\boldsymbol{x})\leqslant c_2\|\boldsymbol{x}\|^2 \tag{9-7}$$

$$\frac{\partial V}{\partial \boldsymbol{x}}\boldsymbol{f}(\boldsymbol{x},\boldsymbol{u}^*(\boldsymbol{x}_0,t),\boldsymbol{p}_0)\leqslant-c_3\|\boldsymbol{x}\|^2 \tag{9-8}$$

$$\left\|\frac{\partial V}{\partial \boldsymbol{x}}\right\|\leqslant c_4\|\boldsymbol{x}\| \tag{9-9}$$

注：算法的设计中并没有涉及到 Lyapunov 函数，此处仅是利用它的存在性来验证闭环控制系统的有界稳定性。

设 $\boldsymbol{x}_R(t)$ 表示以 $\boldsymbol{x}_R(t_i)$ 为初始条件，在实际控制 $\boldsymbol{u}_i(t)$ 驱动下的实际系统轨迹；$\boldsymbol{x}_{Mi}(t)$ 表示以相同初始条件为起点，在最优控制 $\boldsymbol{u}_i^*(t)$ 驱动下的参考系统轨迹。对任意的 $t\in[t_i,t_{i+1}]$，实际系统轨迹满足方程

$$\begin{cases}\dot{\boldsymbol{x}}_R(t)=\boldsymbol{f}(\boldsymbol{x}_R(t),\boldsymbol{u}_i(t),\boldsymbol{p})+\boldsymbol{d}(t)\\\boldsymbol{x}_R(t_i)=\boldsymbol{x}_R(t_i)\end{cases}$$

参考系统轨迹满足方程

$$\begin{cases}\dot{\boldsymbol{x}}_{Mi}(t)=\boldsymbol{f}(\boldsymbol{x}_{Mi}(t),\boldsymbol{u}_i^*(t),\boldsymbol{p}_0)\\\boldsymbol{x}_{Mi}(t_i)=\boldsymbol{x}_R(t_i)\end{cases}$$

下面的定理 9.1 给出了固定采样频率下在上述算法作用下的闭环控制系统是有界稳定的结论。

148

定理 9.1 设 ΔT 为采样周期,控制器按 9.2.1 节中的算法设计。假设条件(1)~(6)成立,则对任意的初始条件 $\boldsymbol{x}_R(t_0) = \boldsymbol{x}_0$,闭环控制系统的状态对所有的 $t \in [t_0, \infty)$ 都是有界的,即存在常数 M,使得

$$\lim_{i \to \infty} \| \boldsymbol{x}_R(t_i) \| \leqslant M$$

$$M = AB(\Delta T)$$

$$A = [L_{fu}(\varepsilon + L_u\delta) + L_{fp}\varepsilon_p + \varepsilon_d]$$

$$B(\Delta t) = \frac{c_4 \Delta T e^{L_{fx}\Delta T}}{c_1(1 - e^{-\frac{c_3}{2c_2}\Delta T})}$$

证明:首先,由条件(3)~(5)可知,对任意的 $t \in [t_i, t_{i+1}]$,作用于实际系统上的控制 $\boldsymbol{u}_i(t)$ 和作用于参考系统上的最优控制 $\boldsymbol{u}_i^*(t)$ 满足下列不等式关系,即

$$\| \boldsymbol{u}_i(t) - \boldsymbol{u}_i^*(t) \|$$

$$\leqslant \| \boldsymbol{u}_i(t) - \boldsymbol{u}_i^*(\hat{\boldsymbol{x}}_R(t_i), t) \| + \| \boldsymbol{u}_i^*(\hat{\boldsymbol{x}}_R(t_i), t) - \boldsymbol{u}_i^*(t) \|$$

$$\leqslant \varepsilon + L_u \| \hat{\boldsymbol{x}}_R(t_i) - \boldsymbol{x}_R(t_i) \|$$

$$\leqslant \varepsilon + L_u\delta$$

$$(9-10)$$

其次,由条件(1)和条件(2)及不等式(9-10)可知,实际系统的状态轨迹与参考系统的状态轨迹满足下列不等式,即

$$\| \boldsymbol{x}_R(t) - \boldsymbol{x}_{Mi}(t) \|$$

$$= \| \int_{t_i}^{t} [\boldsymbol{f}(\boldsymbol{x}_R(\tau), \boldsymbol{u}_i(\tau), \boldsymbol{p}) + \boldsymbol{d}(\tau)] \mathrm{d}\tau - \int_{t_i}^{t} \boldsymbol{f}(\boldsymbol{x}_{Mi}(\tau), \boldsymbol{u}_i^*(\tau), \boldsymbol{p}_0) \mathrm{d}\tau \|$$

$$\leqslant \int_{t_i}^{t} \| \boldsymbol{f}(\boldsymbol{x}_R(\tau), \boldsymbol{u}_i(\tau), \boldsymbol{p}) - \boldsymbol{f}(\boldsymbol{x}_{Mi}(\tau), \boldsymbol{u}_i^*(\tau), \boldsymbol{p}_0) + \boldsymbol{d}(\tau) \| \mathrm{d}\tau$$

$$\leqslant L_{fx} \int_{t_i}^{t} \| \boldsymbol{x}_R(\tau) - \boldsymbol{x}_{Mi}(\tau) \| \mathrm{d}\tau + \Delta T L_{fu} \| \boldsymbol{u}_i(t) - \boldsymbol{u}_i^*(t) \| +$$

$$\Delta T L_{fp} \| \boldsymbol{p} - \boldsymbol{p}_0 \|_{L^\infty} + \Delta T \| \boldsymbol{d} \|_{L^\infty}$$

$$\leqslant L_{fx} \int_{t_i}^{t} \| \boldsymbol{x}_R(\tau) - \boldsymbol{x}_{Mi}(\tau) \| \mathrm{d}\tau + \Delta T L_{fu}(\varepsilon + L_u\delta) + \Delta T L_{fp}\varepsilon_p + \Delta T\varepsilon_d$$

$$\leqslant L_{fx} \int_{t_i}^{t} \| \boldsymbol{x}_R(\tau) - \boldsymbol{x}_{Mi}(\tau) \| \mathrm{d}\tau + A\Delta T$$

$$(9-11)$$

$$A = [L_{fu}(\varepsilon + L_u\delta) + L_{fp}\varepsilon_p + \varepsilon_d]$$

于是,对不等式(9-11)应用 Gronwall 不等式(见附录 A),进一步可得

$$\| \boldsymbol{x}_R(t) - \boldsymbol{x}_{Mi}(t) \| \leqslant A\Delta T \mathrm{e}^{L_{fx}\Delta T} \tag{9-12}$$

令 $t = t_{i+1}$，则 t_{i+1} 时刻的实际系统轨迹与参考系统轨迹之间满足

$$\| \boldsymbol{x}_R(t_{i+1}) - \boldsymbol{x}_{Mi}(t_{i+1}) \| \leqslant A\Delta T \mathrm{e}^{L_{fx}\Delta T} \tag{9-13}$$

由 $V(\boldsymbol{x}) \in C^1$ 可知 $\sqrt{V(\boldsymbol{x})} \in C^1$，进一步由拉格朗日中值定理（见附录 A）可知，对任意的 $\boldsymbol{x}_1, \boldsymbol{x}_2 \in \mathbf{R}^n$ 存在 $\boldsymbol{\xi}$，使得

$$\sqrt{V(\boldsymbol{x}_1)} - \sqrt{V(\boldsymbol{x}_2)} = \frac{V'(\boldsymbol{\xi})}{2\sqrt{V(\boldsymbol{\xi})}} \| \boldsymbol{x}_1 - \boldsymbol{x}_2 \| \tag{9-14}$$

成立。由不等式（9-7）和（9-9）可得

$$\frac{V'(\boldsymbol{\xi})}{2\sqrt{V(\boldsymbol{\xi})}} \leqslant \frac{c_4 \| \boldsymbol{\xi} \|}{\sqrt{c_1} \| \boldsymbol{\xi} \|} = \frac{c_4}{\sqrt{c_1}} \tag{9-15}$$

结合不等式（9-14）和（9-15）可知，$\sqrt{V(\boldsymbol{x})}$ 关于变量 $\boldsymbol{x}$ Lipschitz 连续，且对所有的 $\boldsymbol{x}_1, \boldsymbol{x}_2 \in \mathbf{R}^n$，有下列不等式成立，即

$$\left| \sqrt{V(\boldsymbol{x}_1)} - \sqrt{V(\boldsymbol{x}_2)} \right| \leqslant \frac{c_4}{\sqrt{c_1}} \| \boldsymbol{x}_1 - \boldsymbol{x}_2 \| \tag{9-16}$$

令 $\boldsymbol{x}_1 = \boldsymbol{x}_R(t)$，$\boldsymbol{x}_2 = \boldsymbol{x}_{Mi}(t)$ 可得

$$\sqrt{V(\boldsymbol{x}_R(t))} \leqslant \frac{c_4}{\sqrt{c_1}} \| \boldsymbol{x}_R(t) - \boldsymbol{x}_{Mi}(t) \| + \sqrt{V(\boldsymbol{x}_{Mi}(t))} \tag{9-17}$$

同时由条件（6）和比较引理（见附录 A）可知，下列不等式成立，即

$$V(\boldsymbol{x}(t)) \leqslant \mathrm{e}^{-\frac{c_3}{c_2}(t-t_0)} V(\boldsymbol{x}(t_0)) \tag{9-18}$$

在不等式（9-17）和（9-18）中，令 $t = t_{i+1}$ 并结合式（9-13），有

$$\sqrt{V(\boldsymbol{x}_R(t_{i+1}))}$$

$$\leqslant \frac{c_4}{\sqrt{c_1}} \| \boldsymbol{x}_R(t_{i+1}) - \boldsymbol{x}_{Mi}(t_{i+1}) \| + \sqrt{V(\boldsymbol{x}_{Mi}(t_{i+1}))}$$

$$\leqslant \frac{c_4}{\sqrt{c_1}} A\Delta T \mathrm{e}^{L_{fx}\Delta T} + \mathrm{e}^{-\frac{c_3}{2c_2}(t_{i+1}-t_i)} \sqrt{V(\boldsymbol{x}_{Mi}(t_i))} \tag{9-19}$$

$$= AK + \mathrm{e}^{-\frac{c_3}{2c_2}(t_{i+1}-t_i)} \sqrt{V(\boldsymbol{x}_{Mi}(t_i))}$$

$$K = \frac{c_4}{\sqrt{c_1}} \Delta T \mathrm{e}^{L_{fx}\Delta T}$$

$$\Delta T = t_{i+1} - t_i$$

150

由于 $\boldsymbol{x}_{Mi}(t)$ 和 $\boldsymbol{x}_R(t)$ 是从相同初始状态出发的两条轨迹，故 $\boldsymbol{x}_{Mi}(t_i)=\boldsymbol{x}_R(t_i)$，故不等式(9-19)可进一步变为

$$
\begin{aligned}
&\sqrt{V(\boldsymbol{x}_R(t_{i+1}))}\\
&\leqslant AK + \mathrm{e}^{-\frac{c_3}{2c_2}(t_{i+1}-t_i)}\sqrt{V(\boldsymbol{x}_R(t_i))}\\
&\leqslant AK + \mathrm{e}^{-\frac{c_3}{2c_2}(t_{i+1}-t_i)}\left(\left(AK+\mathrm{e}^{-\frac{c_3}{2c_2}(t_i-t_{i-1})}\sqrt{V(\boldsymbol{x}_R(t_{i-1}))}\right)\right)\\
&= AK\left(1+\mathrm{e}^{-\frac{c_3}{2c_2}(t_{i+1}-t_i)}\right)+\mathrm{e}^{-\frac{c_3}{2c_2}(t_{i+1}-t_{i-1})}\sqrt{V(\boldsymbol{x}_R(t_{i-1}))}\\
&\quad\vdots\\
&\leqslant AK(1+\mathrm{e}^{-\frac{c_3}{2c_2}\Delta T}+\mathrm{e}^{-\frac{c_3}{2c_2}2\Delta T}+\mathrm{e}^{-\frac{c_3}{2c_2}3\Delta T}+\cdots)+\mathrm{e}^{-\frac{c_3}{2c_2}(t_{i+1}-t_0)}\sqrt{V(\boldsymbol{x}_R(t_0))}\\
&\leqslant \frac{AK}{1-\mathrm{e}^{-\frac{c_3}{2c_2}\Delta T}}+\mathrm{e}^{-\frac{c_3}{2c_2}t_{i+1}}\sqrt{V(\boldsymbol{x}_R(t_0))}
\end{aligned}
$$

$$(9-20)$$

由不等式(9-7)有 $\|\boldsymbol{x}\|\leqslant\dfrac{\sqrt{V(\boldsymbol{x})}}{\sqrt{c_1}}$ 成立，结合不等式(9-20)可得：$\boldsymbol{x}_R(t_i)$ 对所有的 $i=1,2,\cdots$ 是有界的，即

$$\lim_{i\to\infty}\|\boldsymbol{x}_R(t_i)\|\leqslant M$$

$$M=\left[L_{fu}(\varepsilon+L_u\delta)+L_{fp}\varepsilon_p+\varepsilon_d\right]\frac{c_4\Delta T\mathrm{e}^{L_{fx}\Delta T}}{c_1(1-\mathrm{e}^{-\frac{c_3}{2c_2}\Delta T})}$$

定理得证。

从定理9.1的证明过程可以得到以下结论：

（1）理想情况下，在9.2.1节算法作用下的闭环控制系统是渐近稳定的，且闭环轨迹紧随参考轨。

（2）在考虑计算误差、预报误差、模型不定性和外界干扰的情况下，闭环控制系统的状态是有界稳定的；同时，由不等式(9-13)可以看到，实际系统的状态轨迹与参考系统的状态轨迹间的误差也是有界的。在给定采样周期的条件下，其界值的大小受到了计算误差、预报误差、模型参数不确定性和外界干扰大小的影响。

9.2.3　制导性能仿真与分析

仿真初始条件及各种参数和约束条件见8.1.2节，取采样周期 $\Delta T=10\mathrm{s}$。

下面主要从标准条件和干扰条件下来验证本节固定采样频率下的实时最优制导算法的制导性能。

1. 标准条件下的仿真分析(假设系统处于理想状态,不受任何不确定性和干扰的影响)

图 9-2 给出了闭环控制作用下的地面跟踪轨迹曲线;图 9-3 为地面跟踪轨迹末端局部放大示意图。

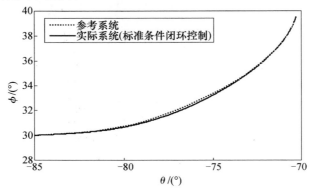

图 9-2　地面跟踪轨迹

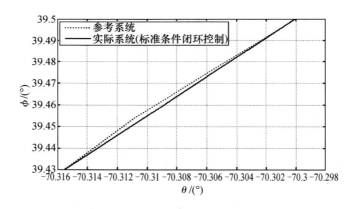

图 9-3　跟踪轨迹末端放大图

观察图 9-2 可以发现,闭环控制作用下的实际系统轨迹稍微偏离了优化得到的参考轨迹,这主要是计算误差和预报误差引起的;而从图 9-3 可以看出,末端轨迹基本上与参考轨迹重合,表明在 9.2.1 节的开环最优控制的连续作用下,能够逐步消除计算误差和预报误差对系统轨迹产生的影响。

这从另一方面说明,若不存在计算误差和预报误差的影响,整个过程中闭环控制作用下的实际系统轨迹应紧随参考系统轨迹,即闭环控制系统是渐进稳定的。

2. 干扰条件下的仿真分析(假设系统受到了由升阻比系数所引起的模型参数不确定性和阵风扰动的影响)

考虑飞行器受到的干扰为由升力系数、阻力系数引起的模型参数不确定性(波动范围设为 ±20%)和阵风作用(假设飞行器在飞行至 200～300s 之间遇到速度为 182.8m/s 的正南方向阵风的作用)。

1)优化时间分析

图 9-4 给出了 9.2 节算法中开环最优控制信号的优化时间(其中,横坐标表示第 i 次优化,纵坐标表示每次优化的时间)。

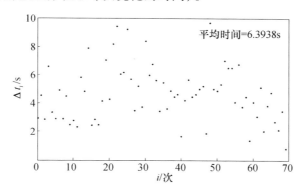

图 9-4　开环制导信号的优化时间

从图 9-4 中可以看出,第一次离线优化的时间在 3s 左右,且对本章算例来说,开环控制信号的优化时间均在设定的采样周期内,平均优化时间为 6.3938s。根据多次仿真的经验可知,采样周期的选取越小(在大于第一次离线优化所需时间的基础上),平均优化时间越短。本节的目的主要是为了验证所提出算法的有效性,因此选取的采样周期设为 10s。

2)制导性能分析

实际系统与参考系统的制导信号间的对比关系如图 9-5 所示。从图 9-5 中可以明显看出,对于考虑模型参数不确定性和阵风扰动的实际系统,由连续开环最优控制信号构成的实时最优反馈(闭环)制导信号与针对参考系统所设计的开环最优制导信号是不同的。

实际系统在闭环制导信号作用下的状态变量随时间的变化曲线与参考系统的状态变量随时间变化曲线间的关系如图 9-6 所示。从图 9-6 中可以看到,由于受到了模型参数不确定性和阵风扰动的作用,实际系统轨迹明显偏离了参考系统轨迹,但在闭环制导信号的作用下,终端约束条件(高度、速度、经度和纬度)最终均能得到满足。

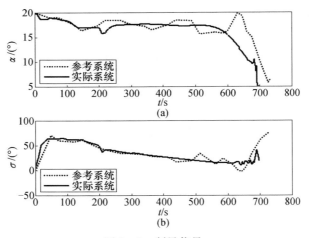

图 9 - 5　制导信号

（a）攻角—时间曲线；（b）倾侧角—时间曲线。

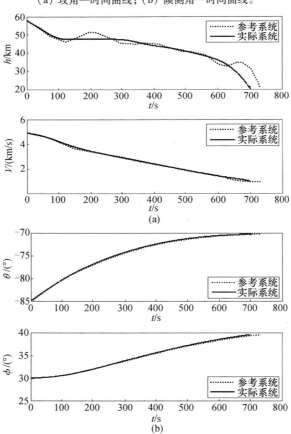

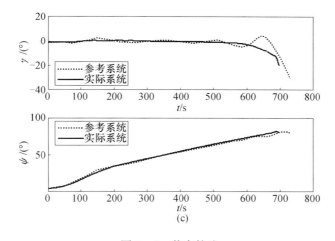

图 9-6　状态轨迹

（a）高度、速度曲线；（b）经度、纬度曲线；（c）飞行路径角、航向角曲线。

　　为进一步分析固定采样频率下的实时最优制导算法对模型参数不确定性和阵风干扰的抑制能力，下面给出最优轨迹在地面的投影—地面跟踪轨迹间的对比关系。

　　参考系统的地面跟踪轨迹与标准条件、干扰条件下的实际系统的地面跟踪轨迹间的对比关系如图 9-7 所示；图 9-8 和图 9-9 分别给出了受干扰影响的局部放大示意图和末端跟踪轨迹的放大示意图。通过分析可以得到以下结论：

　　（1）考虑了模型参数不确定性和阵风扰动下的实际系统与标准条件下的实际系统的地面跟踪轨迹是不同的，从图 9-8 中可明显看出干扰条件下的实际系统轨迹明显偏离了标准条件下的实际系统轨迹。

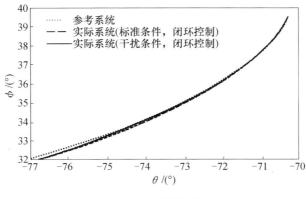

图 9-7　状态轨迹

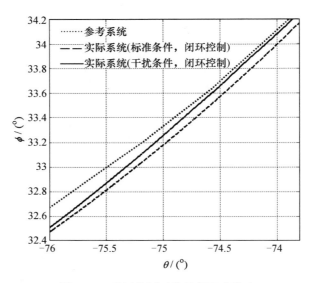

图 9 - 8　阵风作用下的局部跟踪轨迹

（2）从图 9 - 9 可以看出干扰条件下的终端位置偏差的数量级大约在 10^{-3} 左右,表明了由 9.2.1 节所给的制导算法——连续开环最优制导信号所构成的实时最优反馈(闭环)制导信号能够有效抑制模型参数不确定性和阵风干扰引起的制导误差,使飞行器最终达到期望的目标位置附近,具有较高的制导精度。

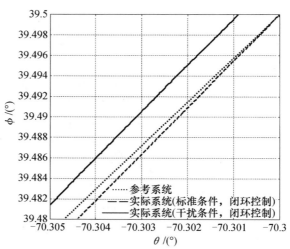

图 9 - 9　阵风作用下的末端跟踪轨迹

9.3 自由采样频率下的实时最优制导算法研究

9.3.1 算法步骤

针对 9.1 节的非线性系统实时最优反馈控制问题,本节设计了一种与 9.2 节不同的实时最优制导策略——自由采样频率下的实时最优反馈控制。图 9-10 给出了相应的开环最优控制的连续应用过程。

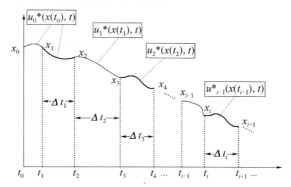

图 9-10 开环最优控制的连续作用过程

图 9-10 中:t_0 为初始时刻;$t_i(i=1,2,\cdots)$ 为采样时刻,且 $t_{i+1}=t_i+\Delta t_i$;Δt_i 为每次采用自适应 hp-Radau 伪谱法计算开环最优控制 $\boldsymbol{u}_i^*(\boldsymbol{x}(t_i),t)$,$t\in[t_i,t_f]$ 所需的时间;$\boldsymbol{x}_0=\boldsymbol{x}(t_0)$ 为状态的初始猜测值;$\boldsymbol{x}_i=\boldsymbol{x}(t_i)(i=1,2,\cdots)$ 为 t_i 时刻的状态实际测量值。

具体算法步骤如下:

(1)选定节点个数 N、第一次采样时刻 t_1,设初始状态猜测值为 $\boldsymbol{x}_0$,利用自适应 hp-Radau 伪谱法离线计算开环最优控制 $\boldsymbol{u}_0^*(\boldsymbol{x}(t_0),t)$。

(2)在区间 $[t_0,t_1]$ 内,将离线计算得到的开环最优控制 $\boldsymbol{u}_0^*(\boldsymbol{x}(t_0),t)$ 应用于系统上,并记 t_1 时刻的状态测量值为 $\boldsymbol{x}_1\triangleq\boldsymbol{x}(t_1)$,令 $i=1$。

(3)在区间 $[t_i,t_{i+1}]$ 内,将利用自适应 hp-Radau 伪谱法在线计算得到的开环最优控制 $\boldsymbol{u}_{i-1}^*(\boldsymbol{x}(t_{i-1}),t)(t\in[t_i,t_{i+1}])$ 应用于系统上;同时,以 t_i 时刻的状态测量值 $\boldsymbol{x}(t_i)$ 为初始条件,利用自适应 hp-Radau 伪谱法在线优化计算新的开环最优控制 $\boldsymbol{u}_i^*(\boldsymbol{x}(t_i),t)$,$t\in[t_i,t_f]$,记 Δt_i 为优化计算时间,则 $t_{i+1}=t_i+\Delta t_i$。

(4)令 $i=i+1$,返回步骤(3)。

下面,以 $\boldsymbol{u}_2^*(\boldsymbol{x}(t_2),t)$ 为例对最优反馈控制的应用过程加以说明。

设 $\boldsymbol{u}_2^*(\boldsymbol{x}(t_2),t)(t\in[t_2,t_f])$ 表示以 t_2 时刻状态测量值 $\boldsymbol{x}_2$ 为初始条件、$\boldsymbol{x}_f$ 为末端条件,利用自适应 hp-Radau 伪谱法优化得到的开环最优控制。记所需的优化时间为 Δt_2,在此期间作用于系统上的控制量为前一次已经优化得到的开环最优控制 $\boldsymbol{u}_1^*(\boldsymbol{x}(t_1),t)$,而开环最优控制 $\boldsymbol{u}_2^*(\boldsymbol{x}(t_2),t)$ 是在 $t_3=t_2+\Delta t_2$ 时刻以后才被应用于系统上,且应用的时间长短取决于以 $\boldsymbol{x}_3$ 为初始条件、$\boldsymbol{x}_f$ 为末端条件,利用自适应 hp-Radau 伪谱法优化计算新的开环最优控制所需的优化时间。

开环最优控制的这一连续更新过程保证了该算法具备实时、在线应用能力。

注:t_1 的选取是为了利用离线优化得到的开环最优控制 $\boldsymbol{u}_0^*(\boldsymbol{x}(t_0),t)$,避免以 t_0 时刻的状态测量值 $\boldsymbol{x}_0$ 为初始条件进行再次优化。

注:算法的采样周期不固定,取决于每次优化求解由式(9-2)~式(9-5)构成的最优控制问题所需的时间 Δt_i。

注:与固定采样实时制导算法相比,本节算法在具体的实施过程中避免了预报误差的影响,但每个采样周期内应用于系统上的控制量为前一采样周期得到的控制,因此控制量在应用的过程中受到计算时延 Δt_i 的作用。

9.3.2 稳定性分析

与 9.2.1 节类似,本节算法在实际应用过程中同样受到了计算误差、模型参数不确定性和外界扰动的影响。在这些影响下,闭环控制系统的稳定性是保证它能够成功应用的一个重要因素。下面,具体给出综合考虑了计算误差、模型参数不确定性和外界干扰的影响,在自由采样频率实时最优制导算法作用下的闭环控制系统的稳定性分析与结论。

假设以下条件成立(除特殊标明外,$\|\cdot\|$ 均表示 L2 范数),即

(1)系统(9-6)受到的模型参数不确定性和外界干扰有界,即存在常数 $\varepsilon_p>0$ 和 $\varepsilon_d>0$,使得下列不等式成立,即

$$\|\boldsymbol{p}-\boldsymbol{p}_0\|_{L^\infty}\leqslant\varepsilon_p \qquad \|\boldsymbol{d}\|_{L^\infty}\leqslant\varepsilon_d$$

(2)函数 $\boldsymbol{f}(\boldsymbol{x},\boldsymbol{u},t;\boldsymbol{p})$ 关于其变量满足 Lipschitz 连续条件,即存在常数 $L_{fx}>0$,$L_{fu}>0$,$L_{fp}>0$,使得

$$\|\boldsymbol{f}(\boldsymbol{x},\boldsymbol{u},\boldsymbol{p})-\boldsymbol{f}(\boldsymbol{y},\boldsymbol{v},\boldsymbol{q})\|\leqslant L_{fx}\|\boldsymbol{x}-\boldsymbol{y}\|+L_{fu}\|\boldsymbol{u}-\boldsymbol{v}\|+L_{fp}\|\boldsymbol{p}-\boldsymbol{q}\|$$

(3)令 $\boldsymbol{u}^*(\boldsymbol{x}^1,t)$ 和 $\boldsymbol{u}^*(\boldsymbol{x}^2,t)$ 分别是以 $\boldsymbol{x}^1$ 和 $\boldsymbol{x}^2$($\boldsymbol{x}^1$ 和 $\boldsymbol{x}^2$ 任意取定)为初始状态,$\boldsymbol{x}_f$ 为末端状态,利用自适应 hp-Radau 伪谱法优化得到的开环最优控制。设存在常数 $L_1>0$,使得对任意的 $t\in[t_0,\infty)$,有下列不等式成立,即

$$\|\boldsymbol{u}^*(\boldsymbol{x}^1,t)-\boldsymbol{u}^*(\boldsymbol{x}^2,t)\|\leqslant L_1\|\boldsymbol{x}^1-\boldsymbol{x}^2\|$$

（4）对任意的初始条件 $\boldsymbol{x}(t_0)=\boldsymbol{x}_0$，由式（9-2）~或（9-5）构成的最优控制问题都有一个的最优解 $\boldsymbol{u}^*(\boldsymbol{x}_0,t)$；且对非线性系统 $\dot{\boldsymbol{x}}=\boldsymbol{f}(\boldsymbol{x},\boldsymbol{u}^*(\boldsymbol{x}_0,t),\boldsymbol{p}_0)$，存在正常数 $c_i(i=1,\cdots,4)$ 和 Lyapunov 函数 $V(\boldsymbol{x})\in C^1$，满足

$$c_1\|\boldsymbol{x}\|^2 \leqslant V(\boldsymbol{x}) \leqslant c_2\|\boldsymbol{x}\|^2 \qquad (9-21)$$

$$\frac{\partial V}{\partial \boldsymbol{x}}\boldsymbol{f}(\boldsymbol{x},\boldsymbol{u}^*(\boldsymbol{x}_0,t),\boldsymbol{p}_0) \leqslant -c_3\|\boldsymbol{x}\|^2 \qquad (9-22)$$

$$\|\frac{\partial V}{\partial \boldsymbol{x}}\| \leqslant c_4\|\boldsymbol{x}\| \qquad (9-23)$$

（5）设 $\boldsymbol{u}_i(t)(t\in[t_i,t_{i+1}])$ 为由 9.3.1 节中的算法应用于实际系统上的控制量，由于计算误差的作用，有 $\boldsymbol{u}_i(t)\neq\boldsymbol{u}_{i-1}^*(t)$。假设计算误差一致有界，则存在常数 $\varepsilon_1>0$，使得对任意的 $t\in[t_i,t_{i+1}]$，有 $\|\boldsymbol{u}_i(t)-\boldsymbol{u}_{i-1}^*(t)\|\leqslant\varepsilon_1$ 成立。

设 $\boldsymbol{x}_R(t)$ 和 $\boldsymbol{x}_{Mi}(t)$ 分别表示采样区间 $[t_i,t_{i+1}]$ 内，以 $\boldsymbol{x}_R(t_i)$ 为初始条件，在实际控制 $\boldsymbol{u}_i(t)$ 和开环最优控制 $\boldsymbol{u}_i^*(t)$ 驱动下的实际系统轨迹和参考系统轨迹，于是对任意的 $t\in[t_i,t_{i+1}]$，实际系统轨迹满足方程

$$\begin{cases}\dot{\boldsymbol{x}}_R(t) = \boldsymbol{f}(\boldsymbol{x}_R(t),\boldsymbol{u}_i(t),\boldsymbol{p}) + \boldsymbol{d}(t)\\ \boldsymbol{x}_R(t_i) = \boldsymbol{x}_R(t_i)\end{cases}$$

参考系统轨迹满足方程

$$\begin{cases}\dot{\boldsymbol{x}}_{Mi}(t) = \boldsymbol{f}(\boldsymbol{x}_{Mi}(t),\boldsymbol{u}_i^*(t),\boldsymbol{p}_0)\\ \boldsymbol{x}_{Mi}(t_i) = \boldsymbol{x}_R(t_i)\end{cases}$$

定理 9.2 给出了自由采样频率下闭环控制系统的有界稳定性结论。

定理 9.2 令 $\Delta t_{\max}$ 和 $\Delta t_{\min}$ 分别表示 9.3.1 节算法中的最大采样周期和最小采样周期，控制器按 9.3.1 节中的算法设计。假设条件（1）~（5）成立，则存在一个固定的常数 ΔT（满足 $\Delta t_{\max}\leqslant\Delta T$），使得对任意的初始条件 $\boldsymbol{x}(t_0)=\boldsymbol{x}_0$，闭环控制系统的状态对所有的 $t\in[t_0,\infty)$ 都是有界的，即存在一个正常数 M_0，使得

$$\lim_{t\to\infty}\|\boldsymbol{x}_R(t)\| \leqslant (\varepsilon_1 L_{fu} + \varepsilon_p L_{fp} + \varepsilon_d)M_0$$

$$M_0 = \frac{2c_4\Delta t_{\max}\mathrm{e}^{L_{fx}\Delta t_{\max}}}{c_1(1-\mathrm{e}^{-\frac{c_3}{2c_2}\Delta t_{\min}})}$$

证明：令 $\boldsymbol{x}_{M(i-1)}(t_{i-1})$ 表示第 $i-1$ 次采样时刻的参考状态，则 $\boldsymbol{u}_{i-1}^*(t)$ $(t\geqslant t_{i-1})$ 表示以 $\boldsymbol{x}_{M(i-1)}(t_{i-1})$ 为初始条件，$\boldsymbol{x}_f$ 为终端条件，利用自适应 hp-Radau 伪谱法优化计算系统（9-2）~（9-5）得到的开环最优控制。

由 Bellman 最优性原理可知，$\boldsymbol{u}_{i-1}^*(t)(t\geqslant t_i)$ 表示以 $\boldsymbol{x}_{M(i-1)}(t_i)$ 为初始条件，

$\boldsymbol{x}_f$ 为终端条件,利用自适应 hp – Radau 伪谱法优化计算系统式(9 – 2)~式(9 – 5)得到的开环最优控制。因此,对任意的 $t \in [t_i, t_{i+1}]$,由假设(3)和(5)可知

$$\| \boldsymbol{u}_i(t) - \boldsymbol{u}_i^*(t) \|$$

$$\leqslant \| \boldsymbol{u}_i(t) - \boldsymbol{u}_{i-1}^*(t) \| + \| \boldsymbol{u}_{i-1}^*(t) - \boldsymbol{u}_i^*(t) \| \qquad (9 - 24)$$

$$\leqslant \varepsilon_1 + L_1 \| \boldsymbol{x}_{M(i-1)}(t_i) - \boldsymbol{x}_R(t_i) \|$$

结合条件(1)、(2)和不等式(9 – 24)可知,实际系统的状态轨迹与参考系统的状态轨迹满足

$$\| \boldsymbol{x}_R(t) - \boldsymbol{x}_{Mi}(t) \|$$

$$= \| \int_{t_i}^{t} [\boldsymbol{f}(\boldsymbol{x}_R(\tau), \boldsymbol{u}_i(\tau), \boldsymbol{p}) + \boldsymbol{d}(\tau)] \mathrm{d}\tau - \int_{t_i}^{t} \boldsymbol{f}(\boldsymbol{x}_{Mi}(\tau), \boldsymbol{u}_i^*(\tau), \boldsymbol{p}_0) \mathrm{d}\tau \|$$

$$\leqslant \int_{t_i}^{t} \| \boldsymbol{f}(\boldsymbol{x}_R(\tau), \boldsymbol{u}_i(\tau), \boldsymbol{p}) - \boldsymbol{f}(\boldsymbol{x}_{Mi}(\tau), \boldsymbol{u}_i^*(\tau), \boldsymbol{p}_0) + \boldsymbol{d}(\tau) \| \mathrm{d}\tau$$

$$\leqslant L_{fx} \int_{t_i}^{t} \| \boldsymbol{x}_R(\tau) - \boldsymbol{x}_{Mi}(\tau) \| \mathrm{d}\tau + L_{fu} \Delta t_i \| \boldsymbol{u}_i(t) - \boldsymbol{u}_i^*(t) \| +$$

$$\Delta t_i L_{fp} \| \boldsymbol{p} - \boldsymbol{p}_0 \|_L^{\infty} + \Delta t_i \| \boldsymbol{d} \|_L^{\infty}$$

$$\leqslant L_{fx} \int_{t_i}^{t} \| \boldsymbol{x}_R(\tau) - \boldsymbol{x}_{Mi}(\tau) \| \mathrm{d}\tau + L_{fu} \Delta t_i (\varepsilon_1 + L_1 \| \boldsymbol{x}_{M(i-1)}(t_i) - \boldsymbol{x}_R(t_i) \|) +$$

$$\Delta t_i L_{fp} \varepsilon_p + \Delta t_i \varepsilon_d$$

$$(9 - 25)$$

对不等式(9 – 25)应用 Gronwall 不等式,得

$$\| \boldsymbol{x}_R(t) - \boldsymbol{x}_{Mi}(t) \| \leqslant (K_1 + L_{fu} L_1 \| \boldsymbol{x}_{M(i-1)}(t_i) - \boldsymbol{x}_R(t_i) \|) \Delta t_i \mathrm{e}^{L_{fx}\Delta t_i}$$

$$(9 - 26)$$

$$K_1 = \varepsilon_1 L_{fu} + \varepsilon_p L_{fp} + \varepsilon_d$$

在不等式(9 – 26)中,令 $t = t_{i+1}$,则有

$$\| \boldsymbol{x}_R(t_{i+1}) - \boldsymbol{x}_{Mi}(t_{i+1}) \| \leqslant K_1 \Delta t_i \mathrm{e}^{L_{fx}\Delta t_i} + L_{fu} L_1 \Delta t_i \mathrm{e}^{L_{fx}\Delta t_i} \| \boldsymbol{x}_{M(i-1)}(t_i) - \boldsymbol{x}_R(t_i) \|$$

取 ΔT 使得下述等式成立,即

$$2L_{fu} L_1 \Delta T \mathrm{e}^{L_{fx}\Delta T} = 1 \qquad (9 - 27)$$

因为函数 $x\mathrm{e}^x$ 是区间 $[-1, +\infty)$ 上的增函数,故对所有的 $\Delta t_{\max} \leqslant \Delta T$,有

160

$$\| \boldsymbol{x}_R(t_{i+1}) - \boldsymbol{x}_{Mi}(t_{i+1}) \|$$

$$\leqslant K_1 \Delta t_{\max} \mathrm{e}^{L_{fx}\Delta t_{\max}} + L_{fu} L_1 \Delta T \mathrm{e}^{L_{fx}\Delta T} \| \boldsymbol{x}_R(t_i) - \boldsymbol{x}_{M(i-1)}(t_i) \|$$

$$= K_1 \Delta t_{\max} \mathrm{e}^{L_{fx}\Delta t_{\max}} + \frac{1}{2} \| \boldsymbol{x}_R(t_i) - \boldsymbol{x}_{M(i-1)}(t_i) \|$$

$$\leqslant K_1 \Delta t_{\max} \mathrm{e}^{L_{fx}\Delta t_{\max}} + \frac{1}{2} \Big[K_1 \Delta t_{\max} \mathrm{e}^{L_{fx}\Delta t_{\max}} + \frac{1}{2} \| \boldsymbol{x}_R(t_{i-1}) - \boldsymbol{x}_{M(i-2)}(t_{i-1}) \| \Big]$$

$$= K_1 \Delta t_{\max} \mathrm{e}^{L_{fx}\Delta t_{\max}} \Big(1 + \frac{1}{2} \Big) + \frac{1}{2^2} \| \boldsymbol{x}_R(t_{i-1}) - \boldsymbol{x}_{M(i-2)}(t_{i-1}) \|$$

$$\vdots$$

$$\leqslant \sum_{k=0}^{i-1} \frac{1}{2^k} K_1 \Delta t_{\max} \mathrm{e}^{L_{fx}\Delta t_{\max}} + \frac{1}{2^i} \| \boldsymbol{x}_R(t_1) - \boldsymbol{x}_{M0}(t_1) \|$$

$$(9-28)$$

成立。

由算法可知，t_1 时刻参考系统的状态和实际系统的状态满足

$$\| \boldsymbol{x}_R(t_1) - \boldsymbol{x}_{M0}(t_1) \| \leqslant K_1 \Delta t_{\max} \mathrm{e}^{L_{fx}\Delta t_{\max}} \qquad (9-29)$$

将式(9-29)代入式(9-28)，进一步可得 t_{i+1} 时刻参考系统与实际系统的状态之间满足

$$\| \boldsymbol{x}_R(t_{i+1}) - \boldsymbol{x}_{Mi}(t_{i+1}) \| \leqslant 2K_1 \Delta t_{\max} \mathrm{e}^{L_{fx}\Delta t_{\max}} \qquad (9-30)$$

另一方面，由 Lagrange 中值定理(见附录 A)和条件(4)可知，$\sqrt{V(\boldsymbol{x})}$ 关于 $\boldsymbol{x}$ 是 Lipschitz 连续的，且对所有的 $\boldsymbol{x}^1, \boldsymbol{x}^2 \in \boldsymbol{R}^n$，有不等式(9-31)成立，即

$$\Big| \sqrt{V(\boldsymbol{x}^1)} - \sqrt{V(\boldsymbol{x}^2)} \Big| \leqslant \frac{c_4}{\sqrt{c_1}} \| \boldsymbol{x}^1 - \boldsymbol{x}^2 \| \qquad (9-31)$$

在不等式(9-31)中，令 $\boldsymbol{x}^1 = \boldsymbol{x}_R(t)$，$\boldsymbol{x}^2 = \boldsymbol{x}_{Mi}(t)$，进一步有

$$\sqrt{V(\boldsymbol{x}_R(t))} \leqslant \frac{c_4}{\sqrt{c_1}} \| \boldsymbol{x}_R(t) - \boldsymbol{x}_{Mi}(t) \| + \sqrt{V(\boldsymbol{x}_{Mi}(t))} \qquad (9-32)$$

由条件(4)和比较引理(见附录)有

$$V(\boldsymbol{x}(t)) \leqslant \mathrm{e}^{-\frac{c_3}{c_2}(t-t_0)} \cdot V(\boldsymbol{x}(t_0))$$

令 $\boldsymbol{x} = \boldsymbol{x}_{Mi}$，则有

$$\sqrt{V(\boldsymbol{x}_{Mi}(t))} \leqslant \mathrm{e}^{-\frac{c_3}{2c_2}(t-t_0)} \sqrt{V(\boldsymbol{x}_{Mi}(t_0))} \qquad (9-33)$$

在不等式(9-32)和(9-33)中令 $t = t_{i+1}$，结合不等式(9-30)有

$$\sqrt{V(\boldsymbol{x}_R(t_{i+1}))}$$

$$\leqslant \frac{c_4}{\sqrt{c_1}} \| \boldsymbol{x}_R(t_{i+1}) - \boldsymbol{x}_{Mi}(t_{i+1}) \| + \sqrt{V(\boldsymbol{x}_{Mi}(t_{i+1}))}$$

$$\leqslant \frac{c_4}{\sqrt{c_1}} \| \boldsymbol{x}_R(t_{i+1}) - \boldsymbol{x}_{Mi}(t_{i+1}) \| + \mathrm{e}^{-\frac{c_3}{2c_2}(t_{i+1}-t_i)} \sqrt{V(\boldsymbol{x}_{Mi}(t_i))}$$

$$\leqslant \frac{c_4}{\sqrt{c_1}} 2K_1 \Delta t_{\max} \mathrm{e}^{L_{fx}\Delta t_{\max}} + \mathrm{e}^{-\frac{c_3}{2c_2}(t_{i+1}-t_i)} \sqrt{V(\boldsymbol{x}_{Mi}(t_i))}$$

$$= K_1 K_2 + \mathrm{e}^{-\frac{c_3}{2c_2}(t_{i+1}-t_i)} \sqrt{V(\boldsymbol{x}_{Mi}(t_i))}$$

$$K_2 = \frac{2c_4}{\sqrt{c_1}} \Delta t_{\max} \mathrm{e}^{L_{fx}\Delta t_{\max}}$$

由于 $\boldsymbol{x}_{Mi}(t)$ 和 $\boldsymbol{x}_R(t)$ 是从相同初始状态出发的两条轨迹,故 $\boldsymbol{x}_{Mi}(t_i) = \boldsymbol{x}_R(t_i)$,从而

$$\sqrt{V(\boldsymbol{x}_R(t_{i+1}))}$$

$$\leqslant K_1 K_2 + \mathrm{e}^{-\frac{c_3}{2c_2}(t_{i+1}-t_i)} \sqrt{V(\boldsymbol{x}_R(t_i))}$$

$$\leqslant K_1 K_2 + \mathrm{e}^{-\frac{c_3}{2c_2}(t_{i+1}-t_i)} \left(K_1 K_2 + \mathrm{e}^{-\frac{c_3}{2c_2}(t_i-t_{i-1})} \sqrt{V(\boldsymbol{x}_R(t_{i-1}))} \right)$$

$$= K_1 K_2 \left(1 + \mathrm{e}^{-\frac{c_3}{2c_2}(t_{i+1}-t_i)} \right) + \mathrm{e}^{-\frac{c_3}{2c_2}(t_{i+1}-t_{i-1})} \sqrt{V(\boldsymbol{x}_R(t_{i-1}))}$$

$$\vdots$$

$$\leqslant K_1 K_2 \left(1 + \mathrm{e}^{-\frac{c_3}{2c_2}(t_{i+1}-t_i)} + \mathrm{e}^{-\frac{c_3}{2c_2}[(t_{i+1}-t_i)+(t_i-t_{i-1})]} + \cdots \right) + \mathrm{e}^{-\frac{c_3}{2c_2}(t_{i+1}-t_0)} \sqrt{V(\boldsymbol{x}_R(t_0))}$$

$$\leqslant K_1 K_2 \left(1 + \mathrm{e}^{-\frac{c_3}{2c_2}\Delta t_{\min}} + \mathrm{e}^{-\frac{c_3}{2c_2}2\Delta t_{\min}} + \mathrm{e}^{-\frac{c_3}{2c_2}3\Delta t_{\min}} + \cdots \right) + \mathrm{e}^{-\frac{c_3}{2c_2}(t_{i+1}-t_0)} \sqrt{V(\boldsymbol{x}_R(t_0))}$$

$$\leqslant \frac{K_1 K_2}{1 - \mathrm{e}^{-\frac{c_3}{2c_2}\Delta t_{\min}}} + \mathrm{e}^{-\frac{c_3}{2c_2}t_{i+1}} \sqrt{V(\boldsymbol{x}_R(t_0))}$$

$$(9 - 34)$$

由条件(4)可知,$\| \boldsymbol{x} \| \leqslant \dfrac{\sqrt{V(\boldsymbol{x})}}{\sqrt{c_1}}$,结合不等式(9 – 34),$\boldsymbol{x}_R(t_i)$ 对所有的 $i = 1,2,\cdots$ 是有界的,即

$$\lim_{i \to \infty} \| \boldsymbol{x}_R(t_i) \| \leqslant (\varepsilon_1 L_{fu} + \varepsilon_p L_{fp} + \varepsilon_d) M_0$$

$$M_0 = \frac{2c_4 \Delta t_{\max} \mathrm{e}^{L_{fx}\Delta t_{\max}}}{c_1 (1 - \mathrm{e}^{-\frac{c_3}{2c_2}\Delta t_{\min}})}$$

定理得证。

从定理 9.2 的证明过程还可以得到以下结论:

(1)由式(9-27)可知,ΔT 的取值与系统的 Lipschitz 常数(L_{fx},L_{fu})和 L_1 有关。

(2)在考虑计算误差、模型参数不定性和外界干扰的情况下,闭环控制系统是有界稳定的。对于充分小的计算时延 Δt_i,其稳定误差受到计算误差、模型参数不确定性和外界扰动的影响;若不考虑模型参数不确定性和外界干扰的影响,闭环控制系统的稳定误差与计算误差成正比;在计算是完美的情况下,即理想情况下,闭环控制系统是渐近稳定的,且闭环轨迹紧随参考轨迹。

(3)由式(9-30)可以看到,实际系统与参考系统的状态误差也是有界的。界值大小同样受到计算误差、模型参数不确定性和外界扰动大小的影响。

9.3.3 制导性能仿真与分析

仿真初始条件及各种参数和约束条件见 8.1.2 节。与 9.2 节类似,本节也从标准条件和干扰条件两种情况对自由采样频率下实时最优制导算法的制导性能进行验证。

1. 标准条件下的仿真分析(飞行器处于理想的飞行环境下,不受任何不确定性和外界干扰的影响)

图 9-11 为实际系统在闭环制导信号作用下的地面跟踪轨迹;图 9-12 为跟踪轨迹末端位置误差的局部放大图。同样,计算误差是不可忽略的。

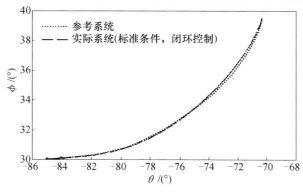

图 9-11 地面跟踪轨迹

观察图 9-11 可以得到与 9.2.3 节中类似的结论,虽然由于计算误差的作用,闭环控制作用下的实际系统轨迹在跟踪过程中稍微偏离了参考轨迹;从图 9-12 中可以看出,末端位置误差很小,经计算可知末端经度、纬度分别为

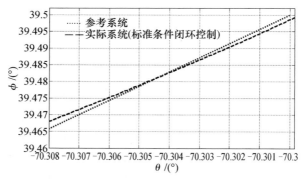

图 9 - 12 跟踪轨迹末端放大图

$-70.2996°$ 和 $30.5003°$,误差数量级在 4×10^{-4} 和 3×10^{-4} 左右,验证了自由采样频率下的制导算法具有较高的制导精度,同时说明了标准条件下在由连续开环最优控制构成的闭环制导信号作用下的实际系统是渐进稳定的。

2. 干扰条件下的仿真分析

假设飞行器受到的干扰为由模型参数误差(由升力、阻力系数引起的误差,波动范围设为 $\pm 20\%$)和阵风作用(假设飞行器在飞行至 $200 \sim 300s$ 之间遇到速度为 $182.8m/s$ 的正南方向阵风作用)所引起的。

1)优化时间分析

图 9 - 13 给出了 9.3 节算法中的每次开环最优控制信号的优化时间(横坐标表示第 i 次优化,纵坐标表示每次优化的时间)。从图 9 - 13 中可以看出,对本章算例来说,实际飞行时间为 $700s$ 的再入轨迹,经历了 167 次的开环优化过程,开环控制信号的平均采样周期为 $4.2651s$ 最大采样周期不超过 $10s$,整个过程均实现了开环控制信号的快速优化。

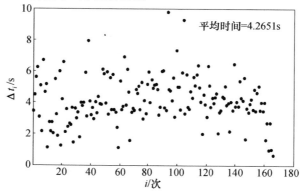

图 9 - 13 开环制导信号的优化时间

2）制导性能分析

自由采样频率下实际系统的制导信号与参考系统的制导信号之间的关系如图 9 - 14 所示。从图 9 - 14 中可以明显看出,由连续开环最优制导信号所构成的实时最优反馈(闭环)制导信号与针对参考系统所设计的开环最优制导信号是不同的。

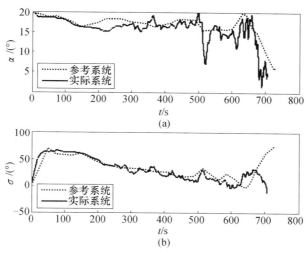

图 9 - 14　制导信号

（a）攻角—时间曲线；（b）倾侧角—时间曲线。

图 9 - 15 给出了在闭环制导信号作用下的实际系统的状态随时间变化曲线和参考系统的状态随时间变化曲线间的对比结果。从图 9 - 15 中可以看出,由于受到了模型参数不确定性和阵风扰动的影响,实际系统轨迹明显偏离了参考

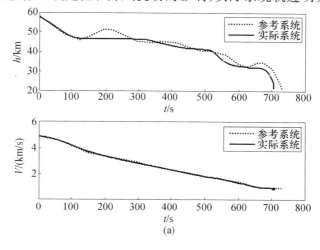

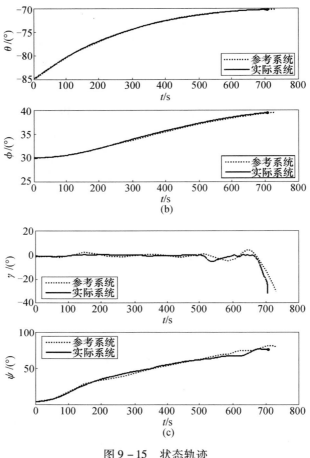

图 9 - 15　状态轨迹

（a）高度、速度曲线；（b）经度、纬度曲线；（c）飞行路径角、航向角曲线。

系统轨迹,但在闭环制导信号的作用下能够满足设定的终端约束条件要求(高度、速度、飞行路径角)。

图9－16给出了200s后考虑了模型参数不确定性和阵风扰动的实际系统地面跟踪轨迹与标准条件下的地面跟踪轨迹间的对比关系。

图9－17为局部跟踪轨迹放大示意图;图9－18为末端跟踪轨迹放大示意图。从两图中可以得到以下结论:

(1) 在考虑了模型参数不确定性和阵风扰动下的实际系统轨迹与标准条件下的实际系统轨迹时不同的,从图9－17中可明显看出,受到干扰作用后的实际系统轨迹(闭环制导信号作用下)明显偏离了标准条件下的实际系统轨迹(闭环制导信号作用下)。

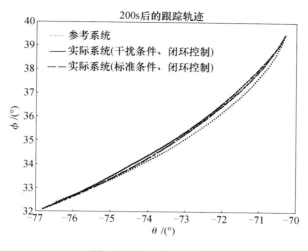

图 9 - 16　地面跟踪轨迹

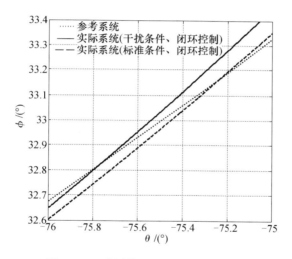

图 9 - 17　阵风作用下的局部跟踪轨迹

（2）从图 9 - 18 中可以看出,末端轨迹的跟踪误差很小。闭环制导信号作用下的终端位置(经度、纬度)分别为 - 70.3° 和39.5001°,与期望目标位置间的误差数量级在10^{-4}左右。同时,结合图 9 - 15,终端约束条件(高度、速度、飞行路径角)也得到了满足,表明了由连续开环最优制导信号所构成的实时最优反馈(闭环)制导信号能够有效抑制模型参数不确定性和阵风干扰引起的制导误差,使飞行器达到期望的终端位置附近,具有较高的制导精度。

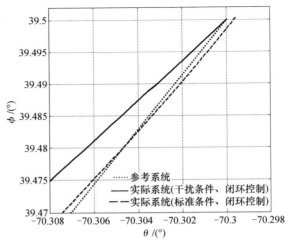

图 9 - 18 阵风作用下的末端跟踪轨迹

9.4 两种实时最优制导方法的对比分析

下面,从标准条件和干扰条件两种情况出发,对本章所给的两种实时最优制导算法的性能进行相应的分析比较。

9.4.1 标准条件下的比较

标准条件下,在两种实时最优制导算法作用下的闭环系统的局部地面跟踪轨迹如图 9 - 19 所示,图 9 - 20 为图 9 - 19 的局部放大图。

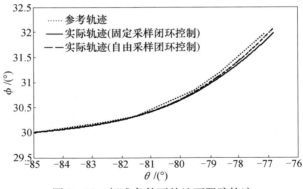

图 9 - 19 标准条件下的地面跟踪轨迹

从图 9 - 20 可以看出,虽然固定采样频率和自由采样频率制导信号作用下的飞行器的实际飞行轨迹均偏离了参考轨迹,但自由采样频率制导信号作用下

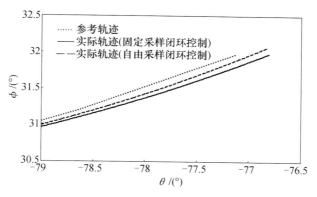

图 9 - 20   标准条件下的地面跟踪轨迹局部放大

的飞行轨迹相比固定采样频率制导信号作用下的飞行轨迹更接近于参考轨迹。

造成上述结果的主要原因在于：①验证过程中计算误差的作用是不可避免的，同时固定采样频率下的制导算法还受预报误差的影响；②由于采样周期不同，自由采样频率下的开环制导信号比固定采样频率下的开环制导信号的更新过程要快。

整个分析过程表明了自由采样频率下的制导算法相比固定采样频率下的制导算法具有一定的优势。从图 9 - 3 和图 9 - 12 中可以看出，两种实时制导算法均能克服计算误差、预报误差的影响，具有较高的制导精度；且理想条件下（不考虑计算误差和预报误差的影响），在两种制导算法作用下的闭环控制系统都是渐进稳定的。

9.4.2   干扰条件下的比较

图 9 - 21 给出了考虑了模型参数不确定性和阵风干扰的影响，在两种实时最优制导作用下的末端地面算法跟踪轨迹示意图；表 9 - 1 给出了各个状态变量的实际终端位置与参考值间的比较。

表 9 - 1   末端状态误差

	高度/km	经度/(°)	纬度/(°)	速度/(km/s)	飞行路径角/(°)	航向角/(°)
参考系统	20.7303	- 70.3000	39.5000	1.000	- 30.8117	80.1564
实际系统（自由采样）	21.0787	- 70.3000	39.5001	1.0166	- 32.7311	76.3517
误差	满足	0	1×10^{-4}	满足	满足	满足
实际系统（固定采样）	20.7292	- 70.3009	39.4989	1.0684	- 20.0123	78.6370
误差	满足	9×10^{-4}	1.1×10^{-3}	满足	满足	满足

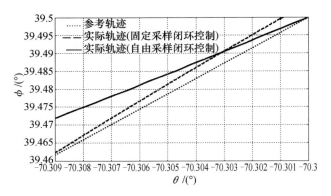

图 9 – 21 干扰下的末端地面跟踪轨迹

从图 9 – 21 中可以看出,两种制导算法作用下的实际系统轨迹的终端高度、速度和飞行路径角均满足设定的要求,且均能有效地抑制由模型参数不确定性和阵风干扰所引起的制导误差,达到期望的目标位置附近。而从表 9 – 1 中可以明显看出,两种算法均能满足制导精度要求,相比之下自由采样频率下的制导算法能够得到更高精度的解。

9.5 本 章 小 结

本章针对高超声速飞行器再入制导问题,利用伪谱法在求解非线性最优控制问题数值解上的优势,给出了两种基于自适应 hp – Radau 伪谱法的实时最优制导方法。

（1）给出了两种实时最优制导算法,在假定系统满足 Lipschitz 连续的条件下,对两种算法的有界稳定性进行了理论分析与证明。

（2）理论分析与仿真表明,在不考虑计算误差、预报误差、系统模型参数的不确定性和外界干扰的理想情况下,由两种算法构成的闭环控制系统都是渐近稳定的,且闭环轨迹紧随开环轨迹;反之,由两种算法构成的闭环控制系统是有界稳定的,界值的大小与误差和干扰的大小有关。

（3）对标准条件、考虑模型参数不确定性和外界干扰两种条件下的两种制导算法的仿真分析结果表明,两种实时最优制导算法均能较好地抑制计算误差、预报误差、模型参数不确定性和外界干扰对系统造成的影响,能够满足制导精度要求。

（4）对两种方法的制导性能进行了对比分析,结果表明自由采样频率的制导算法能够更好抑制模型参数不确定性和外界干扰对系统造成的影响。

第 10 章　Radau 伪谱方法的收敛性分析

稳定性和收敛性对任何一种数值计算方法都是至关重要的,虽然伪谱法在很多领域中都有应用[185,186],但采用伪谱法求解最优控制问题数值解的稳定性和收敛性一直是公开的研究热点和难点[187,188]。目前,只有少数文献针对特殊的系统研究了伪谱法求解最优控制问题的收敛性问题,例如:文献[187]对基于 Legendre 伪谱法的可反馈线性化系统的最优控制问题的收敛性进行了研究,在一系列必要的假设条件下得到了收敛性结论;文献[188]在文献[187]的基础上对假设条件进行了弱化,得到了连续和不连续可反馈线性化系统的最优控制问题的收敛性;文献[189]在基于平滑性等一些假设条件下研究了 Gauss 伪谱法的收敛性,证明了针对无约束连续控制问题,Gauss 伪谱法是收敛的。相比较以上两种伪谱法而言,Radau 伪谱法对求解非线性最优控制问题最优解的速度更快、精度更高。文献[183]仅通过仿真实验验证了 Radau 伪谱法比 Legendre 和 Gauss 伪谱法在求解最优控制问题数值解时具有更快的收敛速度,但没有给出理论上的证明。目前理论证明 Radau 伪谱法的收敛性仍是一个公开问题[125],并且研究的系统大多数属于一般性系统。

基于以上原因,本章针对一般性系统,研究基于 Radau 伪谱法求解最优控制问题数值解的收敛性问题,从理论上证明 Radau 伪谱法对于解决一般非线性系统的最优控制问题是收敛的。相比文献[187 – 189],首先本节针对的系统为一般连续非线性时不变系统,包含了文献[187,188]中的可反馈线性化系统;其次文献[189]研究的是无约束条件下的最优控制问题;最后,本章去掉了文献[187,188]中的可反馈线性化系统必须存在收敛的子序列和文献[189]要求非线性系统的状态变量和协态变量具有 $k+1(k \geqslant 3)$ 阶连续可导等假设条件(见问题陈述),这些条件要求非线性系统存在满足一定的收敛性和有界性要求,而本章的结论适合一般连续时不变的非线性系统,虽然要求控制变量满足有界的条件,但是对于最优控制问题来说,这个条件是比较容易满足的。

10.1　问题陈述

本章研究 5.2 节描述的一般非线性时不变最优控制问题 Radau 伪谱法的收

敛性,不失一般性,将考虑最优控制问题的区间定义为 $t \in [-1, +1]$,并且控制变量满足一定的约束条件,得到以下问题。

问题1 在区间 $t \in [-1, +1]$ 上考虑以下 Bolza 型的一般连续非线性时不变最优控制问题,寻找控制变量,使式(10-1)所示的代价函数最小化。

$$J(\boldsymbol{x}, \boldsymbol{u}) = E(\boldsymbol{x}(-1), \boldsymbol{x}(+1)) + \int_{-1}^{+1} g(\boldsymbol{x}(t), \boldsymbol{u}(t)) \mathrm{d}t \quad (10-1)$$

满足

$$\dot{\boldsymbol{x}}(t) = \boldsymbol{f}(\boldsymbol{x}(t), \boldsymbol{u}(t)) \quad (10-2)$$

$$\boldsymbol{C}(\boldsymbol{x}(t), \boldsymbol{u}(t)) \leqslant \boldsymbol{0} \quad (10-3)$$

$$\boldsymbol{\Phi}(\boldsymbol{x}(-1), \boldsymbol{x}(+1)) = \boldsymbol{0} \quad (10-4)$$

和控制约束

$$\|\boldsymbol{u}(t)\| \leqslant A \quad \boldsymbol{u} \in W_m^{\alpha, p} \quad \alpha \geqslant 2 \quad (10-5)$$

式中:$\boldsymbol{x}(t) \in \mathbf{R}^n$ 为状态变量;$\boldsymbol{u}(t) \in \mathbf{R}^m$ 为控制变量;$g \in C^m$、$\boldsymbol{f} \in C_n^{m-1}$,$W_m^{\alpha, p}$ 为 m 维向量 Sobolev 空间;当 $m = 1$ 时对所有满足 $0 \leqslant j \leqslant \alpha$,空间包含函数 $\xi: [-1, 1] \to \mathbf{R}$,它的 j 阶弱导数 $\xi^{(j)}$ 在 L^p 中有下列形式,即

$$\|\xi\|_{W^{\alpha, p}} = \sum_{j=0}^{\alpha} \|\xi^{(j)}\|_{L^p}$$

问题1为一般连续非线性时不变问题,而一些文献对特殊系统的收敛性做了相应的研究,如文献[188]研究 Legendre 伪谱法收敛性的状态方程必须满足以下关系,即

$$\dot{x}_1 = x_2 \quad \cdots \quad \dot{x}_{r-1} = x_r \quad \dot{x}_r = f(x) + g(x)u$$

针对连续和非连续最优控制问题,Legendre 伪谱法收敛的假设条件分别为:

(1)序列 $\{N\}_{N=1}^{\infty}$ 存在一个收敛的子序列 $\{N_j\}_{j=1}^{\infty}$,使得当 $N_j \to \infty$ 时 $\{\bar{x}^{N_j 0}\}_{j=1}^{\infty}$ 收敛。另外,存在一个连续函数 $q(t)$ 使得 $\dot{x}_r^{N_j}(t)$ 在区间 $[-1, +1]$ 上一致收敛到 $q(t)$。

(2)对于给定的序列离散可行轨迹解 $\{\bar{x}^N, \bar{u}^N\}_{N=N_1}^{\infty}$,$\{N\}_{N=1}^{\infty}$ 存在一子序列 $\{N_j\}_{j=1}^{\infty}$ 使得以下条件满足:①对于所有的 $1 \leqslant i \leqslant r$,当 $N_j \to \infty$ 时 $\{\bar{x}_i^{N_j}\}_{N_j=N_1}^{\infty}$ 收敛;②当 $N_j \geqslant N_1$,$t \in N_j \geqslant N_1$,$t \in [-1, 1]$ 时 $\dot{x}_r^{N_j}(t)$ 一致有界;③存在一个分段连续函数 $q(t)$ 使得对所有的定值 $\varepsilon > 0$,$\dot{x}_r^{N_j}(t)$ 在区间 I_ε 上一致收敛到 $q(t)$。

其中:$I_\varepsilon = [-1, 1] | \bigcup_{j=1}^{s} (\tau_j - \varepsilon, \tau_j + \varepsilon)$,$-1 < \tau_1 < \cdots < \tau_s < 1$ 表示函数 $q(t)$ 的不连续点。

文献[189]针对以下连续最优控制问题 A,研究了 Gauss 伪谱方法的收敛

172

性。

问题 A:最小化函数

$$J = C(\boldsymbol{x}(1))$$

满足

$$\dot{\boldsymbol{x}}(t) = \boldsymbol{f}(\boldsymbol{x}(t), \boldsymbol{u}(t)) \quad t \in [-1, 1]$$
$$\boldsymbol{x}(-1) = \boldsymbol{x}_0$$

式中: $\boldsymbol{x}(t) \in \mathbf{R}^n$ 为状态变量; $\boldsymbol{x}_0 \in \mathbf{R}^n$ 为已知的初始条件; $\boldsymbol{u}(t) \in \mathbf{R}^m$ 为控制变量; $\boldsymbol{f}: \mathbf{R}^n \times \mathbf{R}^m \to \mathbf{R}^n$; $C: \mathbf{R}^n \to \mathbf{R}$; C 和 $\boldsymbol{f}$ 连续可微。

通过 Gauss 伪谱方法将以上连续最优控制问题离散成以下非线性规划问题。

问题 B:最小化函数

$$\bar{J} = C(\boldsymbol{X}_{N+1})$$

满足

$$\sum_{j=0}^{N} D_{ij} \boldsymbol{X}_j = \boldsymbol{f}(\boldsymbol{X}_i, \boldsymbol{U}_i) \quad 1 \leqslant i \leqslant N$$

$$\boldsymbol{X}_{N+1} = \boldsymbol{X}_0 + \sum_{j=1}^{N} \omega_j \boldsymbol{f}(\boldsymbol{X}_j, \boldsymbol{U}_j) \quad \boldsymbol{X}_0 = \boldsymbol{x}_0$$

式中: ω_j, $1 \leqslant j \leqslant N$ 为 Legendre – Gauss 积分权函数; $\boldsymbol{D}$ 为 $D_{ij} = \dot{L}_j(t_i)$ 形式的微分矩阵; $L_j(t)$ 为拉格朗日多项式,且有

$$L_j(t) = \prod_{i=0, i \neq j}^{n} \frac{t - t_i}{t_j - t_i} \quad j = 0, 1, \cdots, N$$

在以下四个假设条件下,可以得到定理10.1。

(1) $\boldsymbol{x}^* \in C^{k+1}(\mathbf{R}^n)$, $\boldsymbol{\lambda}^* \in C^{k+1}(\mathbf{R}^n)$, $k \geqslant 3$。

(2) 存在一个开集 $\boldsymbol{\Omega} \subset \mathbf{R}^n \times \mathbf{R}^m$, $\rho > 0$ 使得对于所有的满足 $t \in [-1, 1]$,都有 $B_\rho(\boldsymbol{x}^*(t), \boldsymbol{u}^*(t)) \subset \boldsymbol{\Omega}$,其中 $B_\rho(\boldsymbol{z})$ 表示以 $\boldsymbol{z}$ 为中心 ρ 为半径的球。$\boldsymbol{f}$ 在 $\boldsymbol{\Omega}$ 中的一阶、二阶导数 Lipschitz 连续,C 在 $B_\rho(\boldsymbol{x}^*(1))$ 中的一阶、二阶导数 Lipschitz 连续。

(3) 对于 $\alpha > 0$,下列矩阵的最小特征值都大于 α,即

$$\boldsymbol{V} = \nabla_{xx} C(\boldsymbol{x}^*(1)) \begin{pmatrix} \boldsymbol{Q}(t) & \boldsymbol{S}(t) \\ \boldsymbol{S}^{\mathrm{T}}(t) & \boldsymbol{R}(t) \end{pmatrix} \quad t \in [-1, 1]$$

$$\boldsymbol{Q}(t) = \nabla_{xx} H(\boldsymbol{x}^*(t), \boldsymbol{u}^*(t), \boldsymbol{\lambda}^*(t))$$

$$S(t) = \nabla_{xu}H(\boldsymbol{x}^*(t), \boldsymbol{u}^*(t), \boldsymbol{\lambda}^*(t))$$
$$R(t) = \nabla_{uu}H(\boldsymbol{x}^*(t), \boldsymbol{u}^*(t), \boldsymbol{\lambda}^*(t))$$

（4）对于所有的 $t \in [-1,1]$，都有 $|A(t)| \leqslant 0.25$，其中 $A(t) = \nabla_x \boldsymbol{f}(\boldsymbol{x}^*(t),$ $\boldsymbol{u}^*(t))$。

定理 10.1　假设问题 A 有一个局部最小值 $\boldsymbol{x}^* \in W^{1,\infty}(\mathbf{R}^n)$，$\boldsymbol{u}^* \in L^{\infty}(\mathbf{R}^m)$，并且假设条件（A1）~（A4）成立，那么问题 B 就有一个局部最小值 $(\boldsymbol{X}^N, \boldsymbol{U}^N)$ 满足

$$\|\boldsymbol{X}^N - \boldsymbol{X}^*\|_{\infty} + \|\boldsymbol{U}^N - \boldsymbol{U}^*\|_{\infty} \leqslant \frac{c}{N^{k-5/2}}$$

式中：N 为高斯点数；c 为一个常数。

以上文献都是在一定的假设条件下研究伪谱方法针对特殊问题的收敛性，而本章中要去掉一些假设条件，针对一般的非线性时不变的最优控制问题，研究 Radau 伪谱方法的收敛性。

通过 5.2 节中的 Radau 伪谱方法可以将连续时间最优控制问题 1 转化为下列非线性规划问题。

问题 2　寻找最优控制量，使得以下性能指标最小，即

$$\overline{J}(\overline{\boldsymbol{x}}, \overline{\boldsymbol{u}}) = E(\overline{\boldsymbol{x}}_0, \overline{\boldsymbol{x}}_N) + \sum_{k=0}^{N} g(\overline{\boldsymbol{x}}_k, \overline{\boldsymbol{u}}_k)\omega_k \qquad (10-6)$$

满足

$$\|\boldsymbol{f}(I_N\boldsymbol{x}, I_N\boldsymbol{u}) - D_N\boldsymbol{x}\|_N \leqslant c_0 N^{1-m} \qquad (10-7)$$
$$C(\overline{\boldsymbol{x}}_k, \overline{\boldsymbol{u}}_k) \leqslant 0 \qquad (10-8)$$
$$\boldsymbol{\Phi}(\overline{\boldsymbol{x}}_0, \overline{\boldsymbol{x}}_N) = 0 \qquad (10-9)$$
$$\|\boldsymbol{u}(t)\| \leqslant A \quad \forall k = 0,1,\cdots,N \qquad (10-10)$$

式中：c_0 为一个正常数。

注：不等式（10-7）是由动态方程（10-2）进行缩放得来的，目的是为了保证离散问题有可行解，在定理 10.2 中得到证明。

10.2　理　论　基　础

引理 10.1[190]　如果 $h \in W^{\alpha}(\Omega)$，那么存在常数 $c_1, c_2, c_3, c > 0$ 使得以下不等式成立。

（1）$\|h - I_N h\|_2 \leqslant c_1 N^{-\alpha}\|h\|_{(\alpha)}$，其中：$I_N h$ 为插值多项式。

（2）$\|\dot{h} - D_N h\|_2 \leqslant c_2 N^{1-\alpha}\|h\|_{(\alpha)}$，$\|\dot{h} - D_N h\|_N \leqslant c_3 N^{1-\alpha}\|h\|_{(\alpha)}$，其

174

中：$D_N h$ 为插值多项式的微分。

（3）$\left| \int_{-1}^{1} h(t) \mathrm{d}t - \sum_{k=0}^{N} h(\tau_k) \omega_k \right| \leq c N^{-\alpha} \parallel h \parallel_{(\alpha)}$，其中：$\tau_k$ 为 LGR 节点；ω_k 为相应的 LGR 积分权重。

引理 10.2[190]　假如 $\boldsymbol{h} \in W_n^{\alpha}(\Omega)$，$\boldsymbol{h} = (h_1 \ h_2 \cdots h_n)^{\mathrm{T}}$，$h_i \in W^{\alpha}(\Omega)$，$i = 1$，$2, \cdots, n$。

（1）引理 10.1(1)的向量表现形式为

$$\parallel \boldsymbol{h} - I_N \boldsymbol{h} \parallel_2 \leq \sum_{i=1}^{n} \parallel h_i - I_N h_i \parallel_2 \leq \sum_{i=1}^{n} c_i N^{-\alpha} \parallel h_i \parallel_{(\alpha)}$$

（2）引理 10.1(2)可以延伸为

$$\parallel \dot{\boldsymbol{h}} - D_N \boldsymbol{h} \parallel_2 \leq \sum_{i=1}^{n} \parallel \dot{h}_i - D_N h_i \parallel_2 \leq \sum_{i=1}^{n} c_i N^{1-\alpha} \parallel h_i \parallel_{(\alpha)} \leq c N^{1-\alpha}$$

引理 10.3　对于给定的 $(\boldsymbol{x}, \boldsymbol{u})$，$\boldsymbol{x} \in W_n^{\alpha}(\Omega)$，$\boldsymbol{u} \in W_m^{\alpha}(\Omega)$ 和插值系数 $(\bar{\boldsymbol{x}}, \bar{\boldsymbol{u}})$，则由式（10-1）和式（10-6）定义的代价函数之间具有如下的误差关系，即

$$| J(\boldsymbol{x}, \boldsymbol{u}) - \bar{J}(\bar{\boldsymbol{x}}, \bar{\boldsymbol{u}}) | \leq c N^{-\alpha}$$

证明： 由伪谱法的定义可知 $E(\boldsymbol{x}(-1), \boldsymbol{x}(+1)) = E(\bar{\boldsymbol{x}}_0, \bar{\boldsymbol{x}}_N)$，故有

$$| J(\boldsymbol{x}, \boldsymbol{u}) - \bar{J}(\bar{\boldsymbol{x}}, \bar{\boldsymbol{u}}) | = \left| \int_{-1}^{1} g(\boldsymbol{x}, \boldsymbol{u}) \mathrm{d}t - \sum_{k=0}^{N} g(\bar{\boldsymbol{x}}_k, \bar{\boldsymbol{u}}_k) \omega_k \right|$$

因为 $g \in C^{\alpha}$，$\boldsymbol{x} \in W_n^{\alpha}(\Omega)$，$\boldsymbol{u} \in W_m^{\alpha}(\Omega)$，所以 $g(\boldsymbol{x}(t), \boldsymbol{u}(t)) \in W^{\alpha}(\Omega)$，由引理 10.1(3)可知

$$\left| \int_{-1}^{1} g(\boldsymbol{x}, \boldsymbol{u}) \mathrm{d}t - \sum_{k=0}^{N} g(\bar{\boldsymbol{x}}_k, \bar{\boldsymbol{u}}_k) \omega_k \right| \leq c N^{-\alpha} \parallel g(\boldsymbol{x}, \boldsymbol{u}) \parallel_{(\alpha)}$$

又 $g(\boldsymbol{x}(t), \boldsymbol{u}(t)) \in W^{\alpha}(\Omega)$，所以 $\parallel g(\boldsymbol{x}, \boldsymbol{u}) \parallel_{(\alpha)}$ 有界。引理得证。

10.3　收敛性证明

定理 10.2　假设问题 1 有一个解 $(\boldsymbol{x}, \boldsymbol{u})$，那么问题 2 就存在一个可行解 $(\bar{\boldsymbol{x}}, \bar{\boldsymbol{u}})$，并且解为相应的插值多项式系数。

证明： 设 $(\boldsymbol{x}, \boldsymbol{u})$ 为一可行解，$(I_N \boldsymbol{x}, I_N \boldsymbol{u})$ 为解在 LGR 节点处的插值多项式。现在需要证明的是这个多项式的系数满足问题 2 中的约束条件。由于离散值只计算插值点处的值，由引理 10.2(2)可得

$$\parallel \boldsymbol{f}((I_N \boldsymbol{x}, I_N \boldsymbol{u})) - D_N \boldsymbol{x} \parallel_N \leq \parallel \boldsymbol{f}(\boldsymbol{x}, \boldsymbol{u}) - D_N \boldsymbol{x} \parallel_N \leq \parallel \dot{\boldsymbol{x}} - D_N \boldsymbol{x} \parallel_N \leq c N^{1-\alpha},$$

故插值系数$(\bar{x},\bar{u})$满足问题 2 中的式(10 - 7)。

对于路经约束,因为对于所有的 $t \in \Omega$ 都有 $C(x(t),u(t),t) \leqslant 0$ 成立,那么对于所有的属于 $t \in \Omega$ 中的 LGR 节点 $\tau_k \in \Gamma^{LGR}$ 亦有 $C(\bar{x}_k,\bar{u}_k) = C(x(\tau_k),u(\tau_k)) \leqslant 0$。而对于终端约束,由定义可知 $\Phi(x(-1),x(+1)) = \Phi(\bar{x}_0,\bar{x}_N) = 0$。综上可得$(\bar{x},\bar{u})$为问题 2 的一个可行解。定理得证。

定理 10.3 假设问题 2 有一序列解$\{(\bar{x},\bar{u})\}_N$,那么其相应的插值多项式 $\{(I_N x, I_N u)\}_N$ 有一个收敛的子序列 $\lim\limits_{N_j \to \infty}(I_N x, I_N u) = (I_\infty x, I_\infty u)$,且极限值 $(I_\infty x, I_\infty u)$ 为问题 1 的一个可行解。

证明: 设$(\bar{x},\bar{u})$为问题 2 的一个解,且满足约束条件式(10 - 7)~式(10 - 9)。由式(10 - 7)可得

$$\left(\sum_{k=0}^{N} \sum_{i=1}^{n} \sqrt{f_i(I_N x, I_N u) - D_N x_i)^2(\tau_k)} \right) \leqslant c_d N^{1-\alpha}$$

由 f 连续可知

$$\lim_{N \to \infty}(f_i(I_N x, I_N u) - D_N x_i)(\tau_k) = (f_i(\lim_{N \to \infty} I_N x, \lim_{N \to \infty} I_N u) - \lim_{N \to \infty} D_N x_i)(\tau_k) = 0$$

$$(10 - 11)$$

因为在紧集 Ω 中,$\{I_N x\}$ 是一个多项式序列,故对于有限的 N,$I_N x \in W_n^\alpha(\Omega)$,式(10 - 11)中的$(\lim_{N \to \infty} I_N x)'$与状态方程中的$f \in C_n^{\alpha-1}$ 是相匹配的;又 f 在 Ω 中有界,因此对于所有的 N,$I_N x \in W_n^\alpha(\Omega)$,故$\{I_N x\}$有界。由 Rellich 定理[191]可知:插值多项式$\{I_N x\}$存在一子序列$\{I_{N_j} x\}$在 $W_n^\alpha(\Omega)$ 中收敛;同理,控制序列也可得到一个收敛的子序列,所以函数序列$\{(I_N x, I_N u)\}$至少存在一个极限点$\{(I_\infty x, I_\infty u)\}$。

因为$\{I_N x\}_N$存在一个收敛的子序列,所以由式(10 - 11)可得

$$\frac{\mathrm{d}}{\mathrm{d}t}(I_\infty x)(\tau_k) = f(I_\infty x, I_\infty u)(\tau_k)$$

即$(I_\infty x, I_\infty u)$在节点处满足问题 1 中的状态方程式(10 - 2)。又当 N 变大时,LGR 节点在 Ω 中变得稠密,故当 $N \to \infty$ 时,$(I_\infty x, I_\infty u)$ 在 Ω 中的每个点都能满足问题 1 中的动态方程。

同理,由 $C(\bar{x}_k,\bar{u}_k) = C(x(t_k),u(t_k)) \leqslant 0$ 可知,当 $N \to \infty$ 时 LGR 节点变得稠密,所以解能够满足路径约束。而对于终端约束来说,由于终端处的值与离散值是一致的,所以同样得到满足。定理得证。

定理 10.4 假设问题 1 有一个最优解(x^*,u^*),$\{(\bar{x}^\circ,\bar{u}^\circ)\}_N$为问题 2 的

176

一序列最优解,那么序列最优解相对应的插值多项式$\{(I_N\boldsymbol{x}^\circ, I_N\boldsymbol{u}^\circ)\}_N$有一极限点$(I_\infty\boldsymbol{x}^\circ, I_\infty\boldsymbol{u}^\circ)$,并且极限值为原最优控制问题的一个最优解。

证明: 因为$(\boldsymbol{x}^*, \boldsymbol{u}^*)$为问题1的一个最优解,由定理10.2可知:插值多项式序数$(\bar{\boldsymbol{x}}^*, \bar{\boldsymbol{u}}^*)$是问题2的一个可行解。

因为$(\bar{\boldsymbol{x}}^\circ, \bar{\boldsymbol{u}}^\circ)$为问题2的最优解,故有

$$\bar{J}(\bar{\boldsymbol{x}}^\circ, \bar{\boldsymbol{u}}^\circ) \leqslant \bar{J}(\bar{\boldsymbol{x}}^*, \bar{\boldsymbol{u}}^*) \tag{10-12}$$

由定理10.3可知:问题2的离散最优解的插值多项式的极限$\lim\limits_{N\to\infty}(I_N\boldsymbol{x}^\circ, I_N\boldsymbol{u}^\circ) = (I_\infty\boldsymbol{x}^\circ, I_\infty\boldsymbol{u}^\circ)$为问题1的一个可行解,又$(\bar{\boldsymbol{x}}^*, \bar{\boldsymbol{u}}^*)$为问题1的最优解,所以有

$$J(\bar{\boldsymbol{x}}^*, \bar{\boldsymbol{u}}^*) \leqslant \lim_{N\to\infty}J(I_N\boldsymbol{x}^\circ, I_N\boldsymbol{u}^\circ) = J(I_\infty\boldsymbol{x}^\circ, I_\infty\boldsymbol{u}^\circ) \tag{10-13}$$

由引理10.3可知:问题1的最优解$(\boldsymbol{x}^*, \boldsymbol{u}^*)$及其插值多项式系数$(\bar{\boldsymbol{x}}^*, \bar{\boldsymbol{u}}^*)$所对应的性能函数值间的误差是有界的,即

$$|J(\boldsymbol{x}^*, \boldsymbol{u}^*) - J(\bar{\boldsymbol{x}}^*, \bar{\boldsymbol{u}}^*)| \leqslant c_0 N^{-\alpha} \tag{10-14}$$

同理可以得到

$$|J(I_N\boldsymbol{x}^\circ, I_N\boldsymbol{u}^\circ) - \bar{J}(\bar{\boldsymbol{x}}^\circ, \bar{\boldsymbol{u}}^\circ)| \leqslant c_1 N^{-\alpha} \tag{10-15}$$

当$N\to\infty$时,由式(10-14)、式(10-15)可得

$$\lim_{N\to\infty}J(\bar{\boldsymbol{x}}^*, \bar{\boldsymbol{u}}^*) = J(\boldsymbol{x}^*, \boldsymbol{u}^*) \tag{10-16}$$

$$\lim_{N\to\infty}[J(I_N\boldsymbol{x}^\circ, I_N\boldsymbol{u}^\circ) - \bar{J}(\bar{\boldsymbol{x}}^\circ, \bar{\boldsymbol{u}}^\circ)] = 0 \tag{10-17}$$

结合式(10-16)、式(10-12)和式(10-13)有

$$\lim_{N\to\infty}\bar{J}(\bar{\boldsymbol{x}}^\circ, \bar{\boldsymbol{u}}^\circ) \leqslant \lim_{N\to\infty}J(\bar{\boldsymbol{x}}^*, \bar{\boldsymbol{u}}^*) = J(\boldsymbol{x}^*, \boldsymbol{u}^*) \tag{10-18}$$

$$\lim_{N\to\infty}\bar{J}(\bar{\boldsymbol{x}}^\circ, \bar{\boldsymbol{u}}^\circ) \leqslant J(\boldsymbol{x}^*, \boldsymbol{u}^*) \leqslant \lim_{N\to\infty}J(I_N\boldsymbol{x}^\circ, I_N\boldsymbol{u}^\circ) \tag{10-19}$$

由式(10-17)和式(10-18)可知

$$0 \leqslant \lim_{N\to\infty}[J(\boldsymbol{x}^*, \boldsymbol{u}^*) - \bar{J}(\bar{\boldsymbol{x}}^\circ, \bar{\boldsymbol{u}}^\circ)] \leqslant \lim_{N\to\infty}[J(I_N\boldsymbol{x}^\circ, I_N\boldsymbol{u}^\circ) - \bar{J}(\bar{\boldsymbol{x}}^\circ, \bar{\boldsymbol{u}}^\circ)] = 0$$
$$\tag{10-20}$$

所以,$J(I_N\boldsymbol{x}^\circ, I_N\boldsymbol{u}^\circ)$和$\bar{J}(\bar{\boldsymbol{x}}^\circ, \bar{\boldsymbol{u}}^\circ)$都收敛到问题1的最优代价函数$J(\boldsymbol{x}^*, \boldsymbol{u}^*)$上。由于$(I_\infty\boldsymbol{x}^\circ, I_\infty\boldsymbol{u}^\circ)$为问题2的一个可行解且代价函数最优,所以$(I_\infty\boldsymbol{x}^\circ, I_\infty\boldsymbol{u}^\circ)$是问题1的一个最优解。定理得证。

10.4 本章小结

本章利用多项式近似理论研究了 Radau 伪谱法的收敛性,从理论上证明了对于一般性的非线性时不变最优控制问题,Radau 伪谱法是一个收敛的求解最优解的离散化方法。对于处理一般性的非线性时不变最优控制问题,通过 Radau 伪谱离散方法可以快速求解到原最优控制问题的最优解。

附 录 A

1. CAV 气动数据

美国波音公司 1998 年设计的 CAV – L 气动数据如表 A1 – 1 所列。

表 A1 – 1 CAV 气动系数表

升阻比 $\left(\dfrac{L}{D}\right)$					
AOA	Mach 3.5	Mach 5	Mach 8	Mach 15	Mach 20	Mach 23
10°	1.8500	2.2000	2.4000	2.3300	2.2800	2.2500
15°	2.1500	2.1385	2.1154	2.0231	2.0231	2.0000
20°	1.5000	1.8885	1.8654	1.7731	1.7731	1.7500
升力系数(C_L)					
AOA	Mach 3.5	Mach 5	Mach 8	Mach 15	Mach 20	Mach 23
10°	0.3401	0.3264	0.3108	0.2856	0.2760	0.2739
15°	0.5786	0.5358	0.4483	0.4491	0.4349	0.4319
20°	0.7975	0.7291	0.6731	0.6137	0.5975	0.5966
升阻比(C_D)					
AOA	Mach 3.5	Mach 5	Mach 8	Mach 15	Mach 20	Mach 23
10°	0.1838	0.1483	0.1295	0.1226	0.1210	0.1217
15°	0.2691	0.2505	0.2308	0.2178	0.2150	0.2159
20°	0.4197	0.3861	0.3599	0.3388	0.3370	0.3409

2. Gronwall 引理

设 $[t_0, t_f] \rightarrow y(t) \in R$ 为一个满足下列 Gronwall 不等式的可积函数,即

$$y(t) \leqslant a(t) + \int_{t_0}^{t} b(s) y(s) \mathrm{d}s$$

式中:a,b 为连续、非负的有界函数,且对任意的 $t \in [t_0, t_f]$;$a(t)$ 非减。且有

$$y(t) \leqslant a(t) \mathrm{e}^{B(t)}$$

179

$$B(t)\colon = \int_{t_0}^{t} b(s)\,\mathrm{d}s$$

3. 拉格朗日中值定理

设函数 $f(x)$ 为闭区间 $[a,b]$ 上的连续函数,且在开区间 (a,b) 内可导,则在开区间 (a,b) 内至少存在一点 $\xi\,(a<\xi<b)$,使得下列等式成立,即

$$f(b) - f(a) = f'(\xi)(b - a)$$

4. 比较引理

设函数 $f(x)$ 连续可微,若对任意的 $a\leqslant x\leqslant b$,有

$$f'(x) \leqslant kf(x)$$

成立,则有

$$f(x) \leqslant f(a)\,\mathrm{e}^{-k(a-x)}$$

参 考 文 献

[1] Rusnak I, Weiss H, Eliav R, et al. Missile Guidance with Constrained Terminal Body Angle[C]// 2010 IEEE 26 – th convention of electrical and electronics engineers in Israel. 2010;000068 –000049.

[2] Shelton H H. Joint Vision 2020 [R]. US Government printing Office, Washington DC: Director for Strategic Plans and Policy, JS: Strategy Division, 2002.

[3] 王小谟, 张光义. 雷达与探测: 现代战争的火眼金睛[M]. 北京: 国防工业出版社, 2000.

[4] 张鹏, 周军红. 精确制导原理[M]. 北京: 电子工业出版社, 2009: 66 –69.

[5] 黄世奇, 禹春来, 刘代志, 等. 成像精确制导技术分析与研究[J]. 导弹与航天运载技术, 2005,(5): 20 –25.

[6] 顾振杰, 刘宇. 反舰导弹精确制导技术发展趋势分析[J]. 制导与引信, 2010, 31(3): 23 –27.

[7] 范保虎, 赵长明, 马国强. 战术导弹成像精确制导技术分析与研究[J]. 飞航导弹, 2007,(1): 45 – 50.

[8] 王宗学. 飞行器控制系统概论[M]. 北京: 北京航天航空大学出版社, 1993: 25 –88.

[9] 赵善友. 防空导弹武器寻的制导控制系统设计[M]. 北京: 宇航出版社, 1992: 1 –46.

[10] 羌锣. 导弹技术词典: 导弹系统[M]. 北京: 宇航出版社, 1991:122, 188 –251.

[11] 徐明友. 弹箭飞行动力学[M]. 北京: 国防工业出版社, 2003: 99 –106.

[12] 胡建学. 可重复使用跨大气层飞行器再入制导研究[D]. 长沙: 国防科技大学, 2007.

[13] George R. The common aero vehicle – space delivery system of the future[C]// AIAA Space Technology Conference&Exposition. Albuquerque, NM, 1999: 1 –11.

[14] Shen Z J, Lu P. On – board generation of three – dimensional constrained entry trajectories [J]. Journal of Guidance, Control and Dynamics, 2003, 26(1): 110 –121.

[15] Shen Z J. On – board three – dimensional constrained entry flight trajectory generation [D]. Ames, Iowa: Iowa State University.

[16] 谢陵. 高超声速可重复使用运载器再入在线制导律设计[M]. 北京:北京航天航空大学, 2008.

[17] 高晨. 高超声速飞行器再入段制导控制算法及天文导航数据发生器研究[M]. 北京:北京航天航空大学, 2006.

[18] Fahroo F, Doman D, Ngo A. Modeling issue in footprint generation for reusable launch vehicles[C]// Proceeding of the 2003 IEEE Aerospace Conference, Big Sky, MT, March, 2003.

[19] 孙未蒙. 空地制导武器多约束条件下的制导律设计[D]. 长沙:国防科学技术大学, 2008.

[20] Lee C H, Kim T H, Tahk M J. Interception angle control guidance using proportional navigation with error feedback [J]. Journal of Guidance, Control, and Dynamics, 2013, 36(1): 1 –6.

[21] Kim B S, Lee J G, Han H S. Biased PNG law for impact with angular constraint [J]. IEEE Trans Aerosp Electron Syst, 1998, 34(1): 277 –288.

[22] Jeong S K, Cho S J, Kim E G. Angle constraint biased PNG [C]// Proceedings of the 5th Asian Control

Conference, Melbourne, Australia, 2004, 3: 1849 – 1854.

[23] Akhil G, Ghose D. Biased PN based impact angle constrained guidance using a nonlinear engagement model [C]// American Control Conference, Fairmont Queen Elizabeth, Montreal, Canada, 2012: 950 – 955.

[24] Ratnoo A, Ghose D. Impact angle constrained guidance against nonstationary nonmaneuvering targets [J]. Journal of Guidance, Control, and Dynamics, 2010, 32(1): 269 – 275.

[25] Erer K S, Merttopçuoǧlu O. Indirect impact – angle – control against stationary targets using biased pure proportional navigation [J]. Journal of Guidance, Control, and Dynamics, 2012, 35(2): 700 – 703.

[26] Kim T H, Park B G, Tahk M J. Bias – shaping method for biased proportional navigation with terminal angle constraint [J]. Journal of Guidance, Control, and Dynamics, 2013, 36(1): 70 – 75.

[27] 李惠峰, 葛亚杰, 李昭莹. 高超声速飞行器自适应 BTT 末制导律 [J]. 北京航空航天大学学报, 2013, 39(5): 569 – 573.

[28] Kim M, Grider K V. Terminal Guidance for impact attitude angle constrained flight trajectories [J]. IEEE Trans on Aerospace and Electronic Systems, 1973, 9(6): 852 – 859.

[29] York R J, Pastrick H L. Optimal terminal guidance with constraints at final time [J]. Journal of spacecraft and rockets, 1977, 14(6): 381 – 382.

[30] Taub I, Shima T. Intercept angle missile guidance under time varying acceleration bounds [J]. Journal of Guidance, Control, and Dynamics, 2013, 36(1):83 – 96.

[31] Ryoo C K, Cho H. Optimal guidance with terminal impact angle and control constraint [C]// Proceedings of the 92 KACC, Seoul, Oct, 1992: 601 – 606.

[32] Cho H J, Ryoo C K, Tahk M. Optimal guidance for missiles with varying velocity [C]// AIAA Journal of Guidance, Control, and Dynamics, Sept – Oct, 1996, 19(5): 1017 – 1022.

[33] Song T L, Shin S J, Cho H J. Impact angle control for planar engagements [J]. IEEE Trans Aerosp Electron. Syst, 1999, 35(4): 1439 – 1444.

[34] Ryoo C K, Cho H, Tahk M J. Time – to – go weighted optimal guidance with impact angle constraints [J]. IEEE Trans on Control Systems Technology, 2006, 14(3):483 – 492.

[35] Ohlmeyer E J, Philips C A. Generalized vector explicit guidance [J]. Journal of Guidance, Control, and Dynamics, 2006, 29(2):261 – 268.

[36] Jeon I S, Lee J I. Optimality of proportional navigation based on nonlinear formulation [J]. IEEE Trans on Aerospace and Electronic Systems, 2010, 46(4): 2051 – 2055.

[37] 张友安, 黄诘, 孙阳平. 带有落角约束的一般加权最优制导律[EB/OL]. http://www. cnki. net/ kcms/detail/11.1929. V. 20130822.1801.001. html.

[38] Kim B S, Lee J G, Han H S, et al. Homing guidance with terminal angular constraint against non – maneuvering and maneuvering targets [C]// AIAA Guidance, Navigation, Control Conference, Austin, USA, 1997.

[39] 宋建梅, 张天桥. 带末端落角约束的变结构导引律[J]. 弹道学报, 2001, 13(1): 16 – 19.

[40] Song J M, Zhang T Q. Passive homing missile's variable structure proportional navigation with terminal angular constraint [J]. Chinese Journal of Aeronautics, 2001, 14(2): 83 – 87.

[41] 严卫生, 宋保维, 徐德民, 等. 一种变结构导引律及其在垂直命中制导中的应用[J]. 火力与指挥控制, 2002, 27(2): 39 – 42.

[42] 吴鹏, 杨明. 带终端攻击角度约束的变结构制导律[J]. 固体火箭技术, 2008, 31(2): 116 – 120.

182

［43］赵红超，王凤莲，顾文锦. 带落角约束的反舰导弹变结构中制导律研究［J］. 战术导弹控制技术，2006，14（1）：20－26.

［44］刘永善，贾庆忠，刘藻珍. 电视制导侵彻炸弹落角约束的变结构导引律［J］. 弹道学报，2006，18（2）：9－14.

［45］高为炳. 变结构控制的理论及设计方法［M］. 北京：科学出版社，1996.

［46］贾庆忠，刘永善，刘藻珍. 电视制导侵彻炸弹落角约束变结构反演制导律设计［J］. 宇航学报，2008，29（1）：208－214.

［47］胡正东，张皓之，蔡洪. 带落角约束的再入机动弹头的变结构导引律［J］. 系统工程与电子技术，2009，31（2）：393－398.

［48］沈明辉，陈磊，吴瑞林，等. 基于LQR/SMVS的鲁棒最优制导律研究［J］. 航天控制，2006，24（1）：49－53.

［49］孙未蒙，骆振，郑志强. 一种多约束条件下高超声速导弹对地攻击的三维最优变结构制导律［J］. 国防科技大学学报，2007，29（3）：126－131.

［50］Moon G Y, Kim Y D, Cho S B. Variable Structure Control with Optimized Sliding Surface for Aircraft Control System ［C］// AIAA Guidance, Navigation, and Control Conference and Exhibit, 2004, （8）：1－9.

［51］Shyu K K, Tsai Y W, Yung Y. Dynamic Output Feedback Sliding Mode Design for a Class of Linear Unmatched Uncertain Systems ［J］. International Journal of Control, 2000, 73（16）：1463－1474.

［52］Kwan C M. On Variable Structure Output Feedback Controllers ［J］. IEEE Transactions on Automatic Control, 1996, 41（11）：1691－1693.

［53］胡云安，焦会，陈晔. 双滑模变结构控制在导弹加速度控制中的应用［J］. 飞行力学，2005，23（4）：67－70.

［54］童春霞，王正杰，张天桥. 双滑模变结构控制的BTT导弹自动驾驶仪设计研究［J］. 系统仿真学报，2005，17（3）：518－521.

［55］Park S K, Ahn H K. Robust Controller Design with Novel Sliding Surface ［J］. IEEE Proceedings of Control Theory and Application, 1999, 146（3）：242－246.

［56］Junger I B, Steil J J. Static Sliding Motion Phenomena in Dynamical Systems ［J］. IEEE Transactions on Automatic Control, 2003, 48（4）：680－686.

［57］赵红超，顾文锦，王瑞奇. 反舰导弹的自适应全局滑模变结构控制［J］. 控制工程，2005，12（4）：320－324.

［58］Park K B, Lee J J. Comments on a Robust MIMO Terminal Sliding Mode Control Scheme for Rigid Robot Manipulators ［J］. IEEE Transactions on Automatic Control, 1996, 41（5）：761－762.

［59］汤一华，陈士橹，徐敏，等. 基于Terminal滑模的动能拦截器末制导律研究［J］. 空军工程大学学报，2007，8（2）：22－26.

［60］顾文锦，张汝川，于进勇，等. 基于蛇行变轨的反舰导弹末制导律研究［J］. 飞行力学，2008，26（2）：33－37.

［61］Lee C H, Kim T H, Tahk M J. Design of impact angle control guidance laws via high－performance sliding mode control ［J］. Proc IMeche Part G：J Aerospace Engineering, 2013, 227（2）：235－253.

［62］张亚松，任宏光，吴震，等. 带落角约束的滑模变结构制导律研究［J］. 电光与控制，2012，19（1）：66－68.

［63］杜泽弘，唐硕，泮斌峰. 高速再入飞行器带落角约束末制导律研究［J］. 飞行力学，2013，31（2）：

139 – 142.

[64] 李志平，郭建国，周军. 基于终端角度约束的滑模制导律设计［J］. 飞行力学，2012，30(4)：345 – 348.

[65] 朱战霞，韩沛，陈鹏. 基于非线性 Terminal 滑模的动能拦截器末制导律设计［J］. 西北工业大学学报，2013，31(2)：233 – 238.

[66] Yu J，Xu Q，Zhi Y. A TSM control scheme of integrated guidance/autopilot design for UAV［C］// 3rd International Conference on Computer Research and Development，2011，4：431 – 435.

[67] Zhang Y X，Sun M W，Chen Z Q. Finite – time convergent guidance law with impact angle constraint based on sliding – mode control［J］. Nonlinear Dynamic，2012，7(3)：619 – 625.

[68] Chiu C S，Shen C T. Finite – time control of DC – DC buck converters via integral terminal sliding modes［J］. Int. J. Electron，2012，99(5)：643 – 655.

[69] Zou A M，Krishna D K，Hou Z G，et al. Finite – time attitude tracking control for spacecraft using terminal sliding mode and Chebyshev neural network［J］. IEEE Trans Syst Man Cybern，2011，41(4)：950 – 963.

[70] Poznyak A S，Polyakov A Y，Strygin V V. Analysis of finite time convergence by the method of Lyapunov functions in systems with second – order sliding modes［J］. Int. J. Appl. Math. Mech，2011，75(3)：289 – 303.

[71] Kumar S R，Rao S，Ghose D. Non – singular terminal sliding mode guidance and control with terminal angle constraints for non – maneuvering targets［J］. IEEE Workshop on Variable Structure Systems，2012，14(12)：291 – 296.

[72] Jeon I S，Lee J I，Tahk M J. Guidance law to control impact time and angle［C］// 2005 International Conference on Control and Automation，Budapest，Hungary June 27 – 29，2005：852 – 857.

[73] Bokyung J，Kim Y. Guidance laws for anti – ship missiles using impact angle and impact time［R］. AIAA Guidance，Navigation，and Control Conference and Exhibit. AIAA 2006 – 6432，2006.

[74] Nathan H，Balakrishnan S N. Impact time and angle guidance with sliding mode control［J］. IEEE Trans on control system technology，2012，20(6)：1436 – 1449.

[75] Zhang Y A，Ma G X，Liu A L. Guidance law with impact time and impact angle constraints［J］. Chinese Journal of Aeronautics，2013，26(4)：960 – 966.

[76] 张友安，马培蓓. 带有攻击角度和攻击时间控制的三维制导［J］. 航空学报，2008，29(4)：1020 – 1026.

[77] 马国欣，张友安. 导弹速度时变的攻击时间与攻击角度控制导引律［J］. 飞行力学，2013，31(3)：255 – 259.

[78] Lee Y，Ryoo C，Kim E. Optimal guidance with constraints on impact angle and terminal acceleration［C］// AIAA Guidance，Navigation，Control Conference，Austin，USA，2003.

[79] Lee C H，Kim T H，Tahk M J. Polynomial guidance laws considering terminal impact angle/acceleration constraints［J］. IEEE Trans on aerospace and electronic systems，2013，49(1)：74 – 92.

[80] Kim T H，Lee C H，Tahk M J. Time – to – go polynomial guidance with trajectory modulation for observability enhancement［J］. IEEE Trans on aerospace and electronic systems，2013，49(1)：55 – 73.

[81] Park B G，Kim T H，Tahk M J. Optimal impact angle control guidance law considering the seeker's field – of – view limits［J］. Proc IMeche Part G：J Aerospace Engineering，2013，227(8)：1347 – 1364.

184

[82] Xing Q, Chen W C. Segmented optimal guidance with constraints on terminal angle of attack and impact angle[C]// AIAA Aerospace Sciences Meeting conference, Nashville, Tennessee, 2012: 1 – 10.

[83] 张友安, 孙阳平, 方悦, 等. 带落角和末端攻角约束的最优末制导律[J]. 海军航空工程学院学报, 2013, 28(4): 368 – 371.

[84] Chen R H, Speyer J L, Lianos D. Optimal intercept missile guidance strategies with autopilot lag [J]. Journal of Guidance, Control, and Dynamics, 2010, 33(4): 1264 – 1272.

[85] 孙胜, 周获. 考虑导弹自动驾驶仪动特性的三维非线性导引律[J]. 宇航学报, 2009, 30(3): 1052 – 1056.

[86] Hou M Z, Duan G R. Adaptive dynamic surface control for integrated missile guidance and autopilot [J]. International Journal of Automation and Computing, 2011, 8(1): 122 – 127.

[87] 曲萍萍, 周获. 考虑导弹自动驾驶仪二阶动态特性的导引律[J]. 系统工程与电子技术, 2011, 33 (10): 2263 – 2267.

[88] Lee Y I, Kim S H, Lee J I. Analytic solutions of generalized impact angle control guidance law for first – order lag system [J]. Journal of Guidance, Control, and Dynamics, 2013, 36(1): 96 – 112.

[89] Huntington G T. Advancement and analysis of a Gauss pseudospectral transcription for optimal control problems [D]. America: Massachusetts Institute of Technology, 2007.

[90] 程国采. 航天飞行器最优控制理论与方法[M]. 长沙: 国防工业出版社, 1999.

[91] 雍恩米. 高超声速滑翔式再入飞行器轨迹优化与制导方法研究 [D]. 长沙: 国防科学技术大学, 2008.

[92] 张洪钺, 王青. 最优控制理论与应用[M]. 北京: 高等教育出版社, 2006, 1: 43 – 44.

[93] 阮春荣. 大气中飞行的最优轨迹[M]. 北京: 宇航出版社, 1987.

[94] Vinh N X, Ma D M. Optimal multiple – pass aeroassisted plane change [J]. Acta Astronautica, 1990, 21 (11): 749 – 758.

[95] Vinh N X, Lu P. Necessary conditions for maximax problems with application to aeroglide of hypervelocity vehicles [J]. Acta Astronautica, 1987, 13(6): 413 – 420.

[96] 吴德隆, 王小军. 航天器气动力辅助变轨动力学与最优控制[J]. 北京: 中国宇航出版社, 2006.

[97] Istratie V. Optimal skip entry with terminal maximum velocity and heat constraint [C]// AIAA Atmospheric fligh mechanics conferece and exhibit, Albuquerque, NM, 1998.

[98] Tu L H, Yuan J P, Fang Q, et al. Reentry skipping trajectory ptimization using direct parameter optimization method[C]// 14th AIAA/AHI Space Planes and Hypersonic Systems and Technologies Conference, Canberra, Australia, Nov. 6 – 9, 2006. AIAA – 2006 – 7993.

[99] 雍恩米, 唐国金, 陈磊. 高超声速无动力远程滑翔飞行器多约束条件下的轨迹快速生成[J]. 宇航学报, 2008, 29(1): 46 – 52.

[100] Roberto A, Michele L. Aerogravity assist maneuvers coupled trajectory and vehicle shape optimization [J]. Journal of Spacecraft and Rockets, 2007, 44(5): 1051 – 1059.

[101] Banks H T, Fahroo, F. Legendre – Tau approximations for LQR feedback control of acoustic pressure fields [J]. Journal of Mathematical Systems, Estimation, and Control, 1995, 5(2): 271 – 274.

[102] Elnagar J, Kazemi M A, Razzaghi M. The pseudospectral legendre method for discretizing optimal control problems [J]. IEEE Transactions on Automatic Control, 1995, 40(10): 1793 – 1796.

[103] Scott J, Ross I M. Rapid verification method for the trajectory optimization of reentry vehicles [J]. Jour-

nal Guidance Engineering Notes, 2002, 26(3): 505 –508.

[104] 刘鹏, 赵吉松, 谷良贤. 三维高超声速飞行器再入轨迹快速优化[J]. 飞行力学, 2012, 30(3): 263 –267.

[105] 谢愈, 刘鲁华, 汤国建, 等. 多约束条件下高超声速滑翔飞行器轨迹优化 [J]. 宇航学报, 2011, 32(12): 2549 –2504.

[106] 姚寅伟, 李华滨. 基于 Gauss 伪谱法的高超声速飞行器多约束三维再入轨迹优化 [J]. 航天控制, 2012, 30(2): 33 –39.

[107] Huntington G T, Rao A V. Optimal reconfiguration of spacecraft formations using the Gauss pseudospectral method [J]. Journal of Guidance, Control, and Dynamics, 2008, 31(3): 689 –698.

[108] Wu B, Wang D, Poh E K, et al. Nonlinear optimization of low – thrust trajectory for satellite formation: Legendre pseudospectral approach [J]. Journal of Guidance, Control, and Dynamics, 2009, 32(4): 1371 –1381.

[109] 黄海滨, 马广富, 庄宇飞, 等. 基于伪谱法的编队卫星队形重构防碰撞轨迹优化[J]. 控制与决策, 2012, 27(4): 551 –556.

[110] 水尊师, 周军, 葛致磊, 等. 基于高斯伪谱方法的再入飞行器预测校正制导方法研究[J]. 控制与决策, 2011, 32(6): 1249 –1255.

[111] 彭祺擎, 李海阳, 沈红新, 等. 基于 Gauss 伪谱法和直接打靶法结合的月球定点着陆轨道优化[J]. 国防科技大学学报, 2012, 34(2): 119 –124.

[112] 张煜, 张万鹏, 陈璟, 等. 基于 Gauss 伪谱法的 UCAV 对地攻击武器投放轨迹规划 [J]. 航空学报, 2011, 32(7): 1240 –1251.

[113] Kang W, Bedrossian N. Pseudospectral optimal control theory makers debut flight, saves NASA $ 1M in under three hours [J]. SIAM News, 2007, 40(7): 23 –25.

[114] Zhao Y, Tsiotras P. Mesh refinement using density – function for solving optimal control problems[C]// Infotech and Aerospace Conference, AIAA Paper 2009 –2019, Seattle, Washington, April 2009.

[115] Zhao Y, Tsiotras P. Density functions for mesh refinement in numerical optimal control [J]. Journal of guidance, control, and dynamics, 2011, 34(1): 271 –277.

[116] Jain S, Tsiotras P. Trajectory optimization using multiresolution techniques[J]. Journal of Guidance, Control, and Dynamics, 2008, 31(5): 1424 – 1436.

[117] Jain S. Multiresolution strategies for the numerical solution of optimal control problems[D]. Georgia Inst. of Technology, Atlanta, GA, March 2008.

[118] Gui W, Babuska I. The h, p, and hp versions of the finite element method in 1 dimension. Part I. The error analysis of the p version[J]. Numerische Mathematik, 1986, 49: 577 – 612.

[119] Gui W, Babuska I. The h, p, and hp versions of the finite element method in 1 dimension. Part II. The error analysis of the h and h – p versions[J]. Numerische Mathematik, 1986, 49: 613 – 657.

[120] Gui W, Babuska I. The h, p, and hp versions of the finite element method in 1 dimension. Part III. The adaptive h – p version[J]. Numerische Mathematik, 1986, 49: 659 – 683.

[121] Galvao A, Gerritsma M, Maerschalk B D. hp – Adaptive least – squares spectral element method for hyperbolic partial differential equations[J]. Journal of Computational and Applied Mathematics, 2008, 215 (2): 409 – 418.

[122] Darby C L, Hager W W, Anil V R. An hp – adaptive pseudospectral method for solving optimal control

problems[J]. Optimal control applications and methods, 2011, 32(4): 476 – 502.

[123] Darby C L, Hager W W, Anil V R. A preliminary analysis of a variable – order approach to solving optiaml control problems using pseudospectral methods[C]// AIAA/AAS Astrodynamics Specialist Conference, Toronto, Ontario Canada, August 2010.

[124] Darby C L, Hager W W, Anil V R. Direct trajectory optimization using a variable low – order adaptive pseudospectral method[J]. Journal of Spacecraft and Rockets, 2011, 48(3): 433 –445.

[125] Garg D. Advances in Global Pseudospectral Method for Optimal Control[D]. America: University of FLORIDA, 2011.

[126] Darby C L, Garg D, Rao A V. Costate estimation using multiple – interval pseudospectral methods[J]. Journal of Spacecraft and Rockets, 2011, 48:0022 – 4650. doi: 10.2514/1.55717.

[127] Darby C L. hp – pseudospectral method for solving continuous – time nonlinear optimal control problem [D]. America: University of FLORIDA, 2011.

[128] Garg D, Patterson M A, Darby C L, et al. Direct Trajectory Optimization and Costate Estimation of Finite – Horizon and In finite – Horizon Optimal Control Problems via a Radau Pseudospectral Method [J]. Computational Optimization and Applications, Published Online: October 6, 2009. DOI 10.1007/s10589 – 009 – 9291 – 0. http://www. springerlink. com/con tent/n851q6n343p9k 60k/.

[129] 李瑜. 助推 – 滑翔导弹弹道优化与制导方法研究[D]. 哈尔滨: 哈尔滨工业大学, 2009.

[130] 李瑜, 杨志红, 崔乃刚. 洲际助推 – 滑翔导弹全程突防弹道优化[J]. 固体火箭技术. 2010, 33 (2): 125 – 130.

[131] Gath P F. CAMTOS – A Software Suite Combining Direct and Indirect Trajectory Optimization Methods [D]. University of Stuttgart, 2002.

[132] Rao A V. Extension of a pseudospectral Legendre method to non – sequential multiple – phase optimal control problems[C]// AIAA Guidance, Navigation, and Control Conference and Exhibit, Austin, Texas, 11 – 14 August 2003.

[133] Rao A V, Benson D, Darby C, et al. Algorithm 902: GPOPS, Matlab software for solving multiple – phase optimal control problems using the Gauss pseudospectral method[J]. ACM Transactions on Mathematical Software, 2010, 37(2): 1 –39.

[134] 杨希祥, 张为华. 基于 Gauss 伪谱法的固体运载火箭上升段轨迹快速优化研究[J]. 宇航学报, 2011, 32(1):15 – 21.

[135] Guan Chengqi, Chen Cong. Multiphase Path – Constrained Trajectory Optimization for the Boost – Glide Vehicle via the Gauss Pseudospectral Method[J]. Journal of Astronautics, 2010, 31(11): 2512 –2518.

[136] Yaple. Simulation and application of GPOPS for a trajectory optimization and mission planning tool [M]. Air Force Institute of Technology, 2010.

[137] 陈克俊. 飞船返回再入制导方法的研究[J]. 国防科技大学学报, 1997, 19(6):31 –35.

[138] Dukeman G A. Profile – following entry guidance using linear quadratic regulator theory[C]// AIAA Guidance, Navigation, and Control Conference and Exhibit. Monterey, CA, 2002: 1 – 10.

[139] Cavallo A, Ferrara F. Atmospheric Re – Entry Control for a Low Lift/Drag Vehicle[J]. Journal of Guidance, Control, and Dynamics, 1996, 19(1): 47 – 53.

[140] Lu P. Regulation about Time – Varying Trajectories: Precision Entry Guidance Illustrated[J]. Journal of Guidance, Control and Dynamics, 1999, 22 (6): 784 – 790.

[141] 李瑜. 助推－滑翔导弹弹道优化与制导方法研究[D]. 哈尔滨：哈尔滨工业大学, 2009.

[142] Gao J P, Chen Z J. The Attitude Stabilization and Trajectory Tracking of Reentry Vehicle via Variable － Structure Based Control Method[C]// AIAA Guidance, Navigation, and Control Conference, New Orleans, LA, Aug. 11 － 13, 1997. AIAA － 97 － 3534.

[143] Dyne K A. Guidance and Navigation for entry vehicle[R]. NASA － SP － 8015, 1968.

[144] Schultz R L, Anderson P, Stolaric E. A Simple Guidance Scheme for Lifting Body Reentry Vehicle [C]// AIAA 5th Aerospace Sciences Meeting, New York, 23 － 26 January, 1967.

[145] 赵汉元. 飞行器再入动力学和制导[M]. 国防科技大学出版社, 1977.

[146] Joshi A, Sivan K, Savithri A S. Predictor － Corrector Reentry Guidance Algorithm with Path Constraints for Atmospheric Entry Vehicles[J]. Journal of Guidance, Control and Dynamics, 2007, 30(5): 1307 － 1318.

[147] 潘乐飞, 李新国. 可重复使用运载器预测－校正再入制导研究[J]. 飞行力学, 2007, 25(1): 55 － 58.

[148] Kevin P. A pseudospectral feedback method for real － time optimal guidance of reentry vehicles[C]// Proceeding of the 2007 American Control Conference, Marriott Marquis Hotel at Times Square New York City, USA, July 11 － 13, 2007: 3861 － 3867.

[149] Gong Q, Kang W. Pseudospectral optimal control for military and industrial applications[C]// 46th IEEE conference on decision and control, New Orleans, LA: 2007.

[150] 孙胜, 张华明, 周荻. 考虑自动驾驶仪动态特性的终端角度约束滑模导引律[J]. 宇航学报, 2013, 34(1): 69 － 78.

[151] 张友安, 马培蓓. 带有攻击角度和攻击时间控制的三维制导[J]. 航空学报, 2008, 29(4): 1020 － 1026.

[152] Bryson J, Ho Y C. Applied Optimal Control. Hoboken[M]. NJ: Wiley, 1975.

[153] Ryoo C K, Cho H, Tahk M J. Optimal guidance laws with terminal impact angle constraint[J]. Journal of Guidance, Control, and Dynamics, 2005, 28(4): 724 － 732.

[154] Jeon I S, Lee J I. Optimality of proportional navigation based on nonlinear formulation[J]. IEEE Trans on Aerospace and Electronic Systems, 2010, 46(4): 2051 － 2055.

[155] Rusnal I. Exponential criterion － based guidance law for acceleration constrained missile and maneuvering target[J]. Journal of Guidance, Control, and Dynamics, 1996, 19(3): 718 － 721.

[156] Ben J Z, Farber N, Levinson S. New proportional navigation law for ground － to － air system[J]. Journal of Guidance, Control, and Dynamics, 2003, 26(5): 822 － 825.

[157] Zarchan P. Tactical and Strategic Missile Guidance[M]. 5th ed. Washington, D. C. AIAA, 2007: 541 － 547.

[158] Min B M. Guidance law for vision － based automatic landing of UAV[J]. KASA International Journal, 2007, 8(1): 46 － 53.

[159] Lin C F. Modern navigation guidance and control processing upper saddle river[M]. NJ: Prentice － Hall, 1991, 2: 35 － 36.

[160] Murtaugh S A, Criel H E. Fundamentals of proportional navigation[J]. IEEE Spectrum, 1966, 3(12): 75 － 85.

[161] Guelman M. Proportional navigation with a maneuvering target[J]. IEEE Transactions on Aerospace and

Electronic Systems, 1972, 8(3): 364 –371.

[162] Guelman M. A qualitative study of proportional navigation [J]. IEEE Transactions on Aerospace and E-lectronic Systems, 1971, 7(4): 637 –643.

[163] Ghose D. True proportional navigation with maneuvering target [J]. IEEE Transactions on Aerospace and Electronic Systems, 1994, 30(1): 229 –237.

[164] Guelman M. The closed – form solution of true proportional navigation [J]. IEEE Transactions on Aero-space and Electronic Systems, 1976, 12(4): 472 –482.

[165] Yuan P J, Hsu S C. Solutions of generalized proportional navigation with maneuvering and nonmaneuver-ing targets [J]. IEEE Transactions on Aerospace and Electronic Systems, 1995, 31(1): 469 –474.

[166] Yuan P J, Chern J S. Ideal proportional navigation [J]. Journal of Guidance, Control, and Dynamics, 1992, 15(5): 1161 –1165.

[167] Ratnoo A, Ghose D. Impact angle constrained interception of stationary targets [J]. Journal of Guidance, Control and Dynamics, 2008, 31(6): 1816 –1821.

[168] Shaffer P J. Optimal trajectory reconfiguration and retargeting for the X – 33 reusable launch vehicle [D]. Master's Thesis, Naval Postgraduate School, Monterey, CA, 2004.

[169] Shaffer P J, Ross I M, Oppenheimer M W, et al. Optimal Trajectory Reconfiguration and Retargeting for a Reusable Launch Vehicle [C] // Proceedings of the 2005 AIAA Guidance, Navigation, and Control Conference, August 2005:2005 –4168.

[170] Kang W. The rate of convergence for a pseudospectral optimal control method [C] // Proceedings of the 47th IEEE Conference on Decision and Control Cancun, Mexico, Dec. 9 – 11, 2008.

[171] Kang W. Rate of convergence for the Legendre pseudospectral optimal control of feedback linearizable sys-tems [J]. Journal of Control Theory and Applications, 2010, 8(4):391 –405.

[172] Betts J T. Survey of numerical nethods for trajectory optimization [J]. Journal of Guidnance, Control, and Dynamics, 1998, 21(2): 193 – 207.

[173] Ross I M, Fahroo F. Pseudospectral knotting methods for solving optimal control problems [J]. Journal of Guidance, Control, and Dynamics, 2004, 27(3): 397 – 405.

[174] Meditch J. On the problem of optimal thrust programming for a soft lunar landing [J]. IEEE Transactions on Automatic Control, 1964, 9(4):477 – 484.

[175] Timothy R J. Common Aero Vehicle Autonomous Reentry Trajectory Optimization Satisfying Waypoint and No – Fly Zone Constraints [D]. The Faculty Graduate School of Engineering and Management Air Force Institute of Technology, 2007.

[176] Zhang Kenan, Chen Wanchun. Reentry Vehicle Constrained Trajectory Optimization [C] // 17th AIAA International Space Planes and Hypersonic Systems and Technologies Conference, San Francisco, Califor-nia, 11 – 14 April 2011.

[177] 陈小庆, 侯中喜, 刘建霞. 高超声速滑翔式飞行器再入轨迹多目标多约束优化[J]. 国防科技大学学报, 2009, 31 (6): 76 –83.

[178] William J K. Optimal Reentry Trajectory Terminal State Due to Variations Waypoint Locations [D]. De-partment of Aeronautics and Astronautics Graduate School, 2008.

[179] Doman D B, Oppenheimer M W. Integrated adaptive guidance and control for space access vehicles, Vol-ume 1: Reconfigurable control law for X – 40 approach and landing [R]. AFRL IAG Technical Report.

Wright – Patterson AFB, OH, 2004.

[180] Mritz D, Hans G B. Real – time Iterations for Nonlinear Optimal Feedback Control[C]// Proceedings of the 44th IEEE Conference on Decision and Control, and the European Control Conference 2005 Seville, Spain, Dec12 – 15, 2005.

[181] Ross I M, Pooya S. Pseudospectral Feedback Control: Foundations, Examples and Experimental Results [J]. AIAA Guidance, Navigation, and Control Conference and Exhibit, Keystone, Colorado, Aug21 – 24, 2006.

[182] Ross I M, Gong Q. Practical Stabilization through Real – Time Optimal Control[C]// Proceedings of the American Control Conference Minneapolis, Minnesota, USA, June 14 – 16, 2006.

[183] Kevin P. A pseudo – spectral feedback method for real – time optimal guidance of reentry vehicles[C]// Proceeding of the 2007 American Control Conference, Marriott Marquis Hotel at Times Square New York City, USA, July 11 – 13, 2007:3861 – 3867.

[184] Darby C L, Hager W W. A preliminary analysis of a variable – order approach to solving optimal control problems using pseudospectral methods[C]// AIAA Aerodynamics Specialist Conference, Toronto, Ontario Canada, August 2010.

[185] Darby C L, Hager W W, Anil V R. Direct trajectory optimization using a variable low – order adaptive pseudospectral method[J]. Journal of Spacecraft and Rockets, 2011, 48(3): 433 – 445.

[186] Rao A V, Benson D, Darby C, et al. Algorithm 902: GPOPS, Matlab software for solving multiple – phase optimal control problems using the Gauss pseudospectral method[J]. ACM Transactions on Mathematical Software, 2010, 37(2):1 – 39.

[187] 张友安, 王丽英, 赵国荣. 基于伪谱法的自由采样实时最优反馈控制及应用[J]. 控制理论与应用, 2012, 29(9): 1151 – 1156.

[188] Tong K W, Zhou J P, He L S. Legendre Gauss pseudospectral method for solving optimal control problem [J]. Acta Aeromautica ET Astronautica Sinica, 2008, 29(4): 1531 – 1538.

[189] Gong Q, Kang W, Ross I M. A pseudospectral method for the optimal control of constrained feedback linearizable systems [J]. IEEE Trans. Auto. Control, 2006, 51(7):1115 – 1129.

[190] Kang W, Ross I M, Gong Q. Pseudospectral optimal control and its convergence thorems [M]. A. Astolfi, L. Marconi, eds. Berlin: Springer – Verlag, 2008.

[191] G B Folland. Real Analysis: Modern techniques and their application [M]. John Wiley Sons, New York, 1984.